字裡行間

出版學習札記

戴華萱、張晏瑞◎總策畫　何玫蘭◎主編
王立文、何玫蘭、吳品誼、吳庭宇、李宜庭、林怡恩、張　瑀、黃子恩、楊曜駿、謝宇燊、謝程妍◎編著

目錄

（各篇依姓氏筆畫排序）

戴序：青春書寫，夢想出版

戴華萱
真理大學台灣文學系系主任

出版一本書，聽起來很浪漫，但其實是件挺麻煩的事。需要有人撰寫，有人編輯，有人設計，最後還得有人願意花時間讀它。如果書是一道菜，那麼出版企劃絕對就是那位忙得昏天暗地的主廚，要在眾多食材中精挑細選，搭配出一道既能吸引人，又能齒頰留香的佳餚。

這本成果書，是由選修「出版企畫」這門課的同學們集體創作的「學期大餐」。當我翻開這本書，我感受到的是學生們在課堂上認真聽講的學習紀錄。他們的每一篇文字，都是一次關於出版、關於文化、甚至關於人生的提問。

出版是什麼？

首先，同學們在書中提供了很多關於出版的「知識點」，像什麼是「紅海」？什麼是「藍海」？為什麼數位化改變了出版？甚至還提到戒嚴時期的出版業那段故事。最讓我感興趣的，不是他們掌握了多少知識，而是他們試著回答一個問題：「出版業的核心價值是什麼？」究竟是銷售數字的追求，還是文化深度的累積？抑是市場的擴展，還是心靈的觸動？畢竟，出版從來都不只是技術上的實踐。有同學說「出版是知識的傳遞」；有同學認為「出版是文化的承載」；還有同學覺得「出版是一場與未來對話的冒險」。我看著同學們思考的答案，發現他們其實都對，因為每一本書的出版，都不只是一次商業行為，更是一場超越時間與空間限制的文化的對話，甚至是時代與時代之間的連結。

他／她們學到了什麼？

在這門課裡，同學們學會的不僅是如何編一本書，更是如何讓一個想法具象化。他們探討了出版業的挑戰與機遇，討論了排版的美感與設計的重要性，還為台灣出版業如何走向國際市場獻上了他們的觀點。

這本書當然稱不上具有多深厚的學術價值，也正因為這些篇章不是艱澀的學術研究，於是，最動人之處就在於每一個書寫者的真實，雖然這些筆觸或許還帶著稚嫩與笨拙。他們在文字裡誠實地寫下自己的思考與疑問，寫下他們看到的問題，甚至寫下他們對未來的期待和不安。這份誠實，正是這本書最讓人動容的地方。

出版有未來？

常有人說，現在數位時代，誰還需要實體書？尤其現在是人人都可以成為創作者的時代，想寫什麼就直接上傳到網路。而這恰恰是出版最迷人的地方：它不是追趕潮流，而是找到那些經得起時間考驗的東西，然後好好保存，甚至用一種全新的方式講給更多人聽。因此，我始終相信，書籍的價值，從來不僅僅是它的實體存在，而是它承載的思想與溫度。書是一種陪伴，當你／妳拿起它，它會靜靜地等你／妳，無論是熱烈追求還是漫不經心，它始終不會拋下你／妳。

一同撰寫這本書的同學們，正是試圖用他們的熱情和努力，思考出版的未來。從實體書到電子書，從傳統書店到網路平台，學生們以銳利的視角審視這些轉變，提出了許多值得深思的問題。我喜歡學生們對未來的勇敢想像：有人說出版是文化的延續，有人說出版是知識的橋樑，也有人說出版是一場冒險，因為沒有人知道，下一本書是否能被世界看見。但我們仍然選擇去寫、去編、去出版，因為我們相信，有些東西，值得被看見。

最後，我想說

在課堂上，學生們如此用心學習如何策劃一本書，也不斷思考書籍存在的意義，這都要感謝萬卷樓圖書公司總編輯張晏瑞老師的引領，並且費心的出版這本成果書。學生們的這本成果書，不僅僅是一門課的成果，更是一群年輕學子在文字與出版領域裡的一次勇敢探索。在這個快速變遷的時代，他們用文字提醒我們，慢下來，去聽一聽那些安靜而深遠的聲音。而這本書是一個開始，也許他們未來會成為出色的編輯、作家，或者選擇完全不同的道路。但無論他們的選擇是什麼，我相信這段經歷會成為他們人生中的一部分，提醒他們曾經如此用心地完成了一件事，曾經在文字與出版的世界裡為自己打開了一扇知識之窗，也因此找到自信與喜悅。

真理大學台灣文學系
系主任　戴華萱
二〇二四年十二月二十四日

張序：感受編輯一本書的美好

張晏瑞
真理大學台灣文學系兼任助理教授

緣起

到真理大學台灣文學系兼課，到今年已經不曉得過了多少個年頭了。還記得第一次上課，台下坐著滿滿的學生，大家都對這門實務課，感到新奇。而我初次上台，面對這群閃耀著期待眼光的同學，則是感到無比緊張。其中，我留意到台下有一位美麗的女同學，他很認真，一直對著我微笑，很專注地聽著我上課。於是，我問他：「為什麼會想要選修這堂課？」沒想到，引來全班哄堂大笑！原來他是系上的老師，也是現任的主任戴華萱老師。此事，我一直記在心頭。去年華萱老師榮膺主任新職，能夠和他一起策畫出版課程成果書，實在非常榮幸。

初衷

策畫成果書出版的初衷，最主要是考慮到實務課程，如果只是課堂上的講授，對初入門徑的同學來說，會有點天馬行空，不著邊際。如果可以實際動手做做看，完成一本屬於自己的作品，那該是一件多有趣的事情。

因此，利用每年授課的機會，我都盡量帶著同學，進行一些不同的挑戰。例如，第一年我們要求修課同學，每人都要編出一本屬於自己的作品集，申請書號，正式出版。這樣的要求，沒把同學嚇跑，反而驚動了國家圖書館國際標準書號中心主任曾堃賢老師。曾老師收到同學們傳來的申請書，趕緊打來給我，請我手下留情。我表達了對課程規劃的想法，他很認同，但婉言告知，圖書館的館藏空間有限，長此以往，怕造成日後的負擔。因此，我們改變了作法，只要編輯成書就好，不用正式出版。曾主任鬆了一口氣，我們也因此結下了不解之緣。

當然，能夠出版一本書，申請書號，入藏國圖。對同學來說，是一件多麼迷人的事情。部份同學，再次表達他們希望出書的想法。既然同學們有出書的想法，如果書也編得不錯，正式出版又有何妨呢？因此，蘇冠仁同學的《無名的旅人》一書，就這樣誕生了。出版之後，他也透過實踐，驗證了課堂上所講授的內容，讓這本書透過臉書，能夠發行超過五百冊。同時，也在萬卷樓的協助下，上架博客來、金石堂等圖書通路銷售。對他和我來說，都是一種鼓舞，也讓我更加堅定，實務課程一定要產出成果的想法。

翻轉

這樣的想法，對同學來說，如果對出版有濃厚興趣，自然是很好的。如果只是想來一窺出版產業門徑的話，那課程的負擔，就太大了。為了減輕同學們的負擔，同時達到出版的目的，最好的方法，就是大家一起找一個共同的話題，來共同編輯、策畫出版。承蒙時任系主任錢鴻鈞老師的支持，我們利用課程的機會，帶著同學把每年屬於台灣文學系的點點滴滴，記錄下來，編輯成書，正式出版。《藝采台文：真理大學台灣文學系年刊》就這樣誕生了。

《年刊》出版了六期，在這六年之間，台灣社會有了很多變化，「少子化」是當今社會的一大問題，課程也受到影響。修課同學不多，要把大量稿件，讓同學們在課堂中完成，坦白說著實不易。如果課堂中，無法順利完成《年刊》的出版。往往後續的收尾，變成是一大負擔。

所幸，每年暑假，都有不少台灣文學系的同學，選擇到萬卷樓實習。利用實習的機會，讓同學接續課程未完成的工作，完成《年刊》出版。這樣的作法，既兼顧了課程，也讓實習同學，有了經驗。暑假萬卷樓實習有其他學校同學參與，看到真理的同學在編輯《年刊》並正式出版，大家都投以羨慕的目光。只是，這樣的過程，隨著同學們陸續畢業，慢慢的也無以為繼，只好暫時畫下句點。

期待

今年受到少子化的影響特別大，修課的同學不多。諾大的教室，只有少數幾位同學，感覺有點冷清。為了帶起同學們對學習的興趣，只好結合課程的內容，分享一些出版產業的故事，吸引同學注意。果然，大家馬上恢復精神。

同學們的興致很高，於是建議大家，不妨每周上課時，做一下筆記，紀錄一些上課心得。期中考前，連續六周，每周課後寫個五百字心得，累積下來，就有三千字的成果。期中考後，我們將這三千字的成果，集合起來，一起編輯出版一本書。大家經過熱烈討論後，一致達成共識。這本書的撰稿與編輯工作，就這樣轟轟烈烈展開。

我看大家筆記的內容，未必正確。心得想法，與上課所授或有出入。有時張冠李戴，有時牛頭馬嘴，不盡正確，令人莞爾。不過這些都沒有關係，只要不是 ChatGPT 出來的內容，都可以接受，文中如有錯誤，我們也不做修改。

因為出版這本書的目的，只是希望燃起同學對出版的興趣，感受出版產業的脈動，讓同學感受到編輯一本書的美好，特此誌之。

張晏瑞謹誌於萬卷樓圖書公司

二〇二四年十二月三十一日

出版企劃課心得與感想

王立文
真理大學台灣文學系

一　黎明出版社介紹

黎明出版社是一家中華民國國軍軍事色彩濃厚的出版社兼圖書發行公司，現任董事長為前國防部總督察長室總督察長黃國明中將、總經理為前陸軍司令部政戰副主任文天佑少將。

黎明出版社見證並參與了台灣政治、經濟、文化、教育等領域的變革與成長以掌握世界新知、促進國際文化、學術交流，創造人類美好心靈生活為經營理念。

黎明早期的任務主要是為國軍印製軍中專用的「軍中版」書籍，這些書籍並不對外販售，僅在軍中流通，用以強化國軍的思想教育和文化素養。隨著時間的推移黎明逐漸拓展了其出版範疇，涵蓋了文學、藝術、心理學、財經等多樣化主題。同時也經銷國外出版的圖書，顯示出其國際化發展的趨勢。

黎明出版社目前設有「台北門市」，位於台北市重慶南路一段四十九號一樓。營業時間為週一至週日早上十一點到晚上八點。

我覺得黎明的發展史可以當作一部台灣發展小史來看，從戒嚴時期的軍中出版物，到解嚴後開始出版各式各樣的書籍供大眾賞析，如同台灣一樣，從最初單一不可動搖的黨國思想，到如今民主化後開始接納各式各樣的潮流思想，就像洩洪的水庫，一瞬間灌滿了下游的河道，滋潤了枯竭的大地，還附帶美麗的彩虹，如此的爛漫絢麗。

二　出版定義和歷史

出版的定義可以分為廣義和狹義。

廣義指將作品通過任何方式「公諸於眾」的一種行為。狹義指將作品以「出版品」的方式，在市場上進行流通。例如印成書籍或報刊的方式進行流通和販售。

出版品也分為廣義和狹義。廣義指透過出版行為所製作出來的產品，以傳播資訊、文化、知識為目的的各種產品包括印刷品、電子產品的總稱，是傳播文化知識的媒體。狹義為作品獲得「國際書號」並經過「出版機構」印刷成書籍。

出版產業以出版為的生產或銷售的產業領域稱為出版

產業。出版源自於書，書就是知識的載體，早期的知識載體為甲骨，在上面真的刻字，直到蔡倫發明了紙，然後出版還需要印刷術。印刷術發展史為轉印複製術是始自商朝，用於印章的蓋印和封泥。雕版印刷術是始自西元八百六十八年的唐代《金剛經》（現存於大英博物館）。活字版印刷術大約在西元一千〇四十五年，北宋畢昇發明了膠泥活字、印刷術，用以取代雕版印刷術。活字版印刷術，一直用到西元一九七〇年代。

三　我對 AI 的看法

隨著數位化的到來，當今 AI 不斷發展，傳統出版社式微，因此需要轉型，積極發展電子書與文化創意。

新科技時代到來，AI 來勢洶洶，現在隨便一個主題丟給 AI 一秒就搞定，那這樣傳統的出版產業鏈，其實也不只，還包括作者、學者、小說家、藝術家等等，所以傳統產業列必須學會適應。

我覺得一方面來說我們從小就出生在科技蓬勃發展昂的時代，幾乎沒有非科技時代的記憶和經驗，我們現在很多人都有看線上小說的習慣，很多時候寫個網文一大堆人看，然後就被出版社看上了，現在一堆作家就是這樣起來的，但一方面這不代表書籍課本馬上就被取代了，現在去書店、圖書館、賣場、商店、學校、甚至是醫院都能看到不少書籍。

我確實還是有文字要從書看的觀念，就是只有從書看的東西才有感，而且有些書封面設計的很美，彷彿收藏了藝術品，書還香香的，我不覺得這些體驗是 AI 能取代的，只是時代不看人啊。

四　藍海市場與紅海市場

藍海市場和紅海市場有什麼差別，簡單來說呢，前者代表一片廣大的太平洋，據說人類只探索了海洋的百分之五而已，如同一大片藍海一樣，他代表了一個還未開發的新鮮的、新穎的、前所未見的市場存在，就像哥倫布發現美洲新大陸一樣，對歐洲人而言，這簡直是一片新天地，廣大的美洲平原、金礦、機會、冒險通通都在眼前，當年可說是搶翻天了，故藍海為企業通過創新，開拓一片新的市場空間，從而避開現有市場中的競爭。

藍海典型的例子包括蘋果的 IPhone，它不僅是一部手機，還結合了音樂、拍照、通訊等多功能，重新定義了消費者對手機的需求。還有 AI，當初是生成文字，後來還可以生成圖片、影片、音樂、藝術，現在還看到有很多人孤單寂寞選擇跟 AI 當伴侶，功能越來越多也越來越強大，未來 AI 去選總統也不意外就是。

而紅海呢，就是那些已經開發成熟、競爭激烈的市場。企業在紅海市場中往往是通過價格戰或品質戰來爭奪有限的市場份額。企業在紅海市場中的競爭如同在一片被血染的「紅海」中拼殺，故得名「紅海」。

紅海市場的特徵是供過於求，消費者選擇多樣，企業為了吸客，經常搞壓價、促銷或提供更多服務來競爭。然而，這種競爭方式往往會導致利潤率降低，讓企業陷入困境。

航空業就是典型的紅海市場，許多航空公司都在進行激烈的價格競爭，以吸引消費者，但由於利潤空間過低， 整個行業的盈利能力受到極大影響。

還有 YouTuber 也是，當今 YouTuber 已經供過於求，導致 影片品質下降，YouTube 不得不強迫觀眾觀看垃圾廣告，不然就去買會員。所以如果要選我要去藍海市場。

五　我來説伯樂

老師今天講到伯樂，說找到自己的伯樂很重要，的確呢，當初史蒂芬•金寫他的第一部小說，他最初還寫著寫著，越寫越不對勁，最後覺得自己寫的是一坨垃圾，沒有人會想看，還真的把稿子丟到垃圾桶裡去了，本來差一點世界就要失去一個優秀的小說家了，好在他還有一個妻子，他的太太就在整理垃圾桶時發現了她先生扔掉的鉅作，她看到自己的先生寫得那麼棒，就鼓勵先生不要太妄自菲薄，趕緊把小說寫完，最後他太太是對的，史蒂芬•金一舉成名，又寫了好幾百件作品，拍了無數的電影，這一切都是因為他有一個賞識他的「伯樂」，可以在他最沮喪的時候當他的打氣筒。關於伯樂我還去查了一下資料，話說伯樂本名孫陽，擅長識馬，尤其是千里馬，這滿酷的，換做是現在應該就是車了吧，感覺它會使跟很棒的塞車選手也說不定。

我覺得比起才華什麼的，不如遇到一個可以賞識自己的人最重要，有句成語叫「千里馬常有，而伯樂不常有」，他的意思是，能發現和培養人才的人難得，而有潛力的「千里馬」很多。

真正的才能若無人識，便很難發揮出來。所以我真的覺得找到自己的伯樂很重要，因為至少有一個懂你的人可以一起陪你哭陪你笑，甚至對抗世界，真的很浪漫！

六　線上影片心得

印刷技術流傳已久，最初是真的用手寫、印慢慢的到現代數位機械大量快速生產，而且技術也越來越好，發展也越來越快，轉眼間我們也開始討論未來還是否需要人力，不過好在網路快速發展，只要一上網，我們還能真的看到從古至今的各種印刷技術的製作流程，我覺得超級酷，像什麼雕版、活字出現在紀錄片裡，現在看到的不過是種重現。

而我還發現原來現在還有人還在用傳統的印刷術真的厲害，傳統印刷還能做下去真的不容易呢，就像我前面提到當今是個機械化的時代，還有人能堅持下去真是了不得，彷彿看到了活化石活生生的浮現在我眼前，看他們一個字一個字的排，當初書籍就是這樣被大量印出來的，有一種原來如此的感嘆，時間飛速的相當快，那種自動化的印刷已經被打上了傳統的標籤，在數位全面進攻之下，未來出版企業可能是真的不需要人力了，想想就覺得感嘆。

那些堅持傳統的老一輩如今漸漸成為我們影片上的教材，他們的身影流傳在網路上，不由得去想要是他們走了誰來傳承呢，他們之前工作的地方可能成為博物館，最多也就是個復古的噱頭，這段歷史甚至還不到一個世紀，他們和我們就已經見證甚至即將成為歷史了，明明民國六十年也才半個世紀而已，這些影片也有快六、七年了，不曉得下一個十年伴隨 AI 科技，又有什麼新突破呢？

作者簡介

王立文，本身其實不太愛看書，但我自己是滿喜歡書本那種香味的，之前曾經試著寫過小說，這其實沒有多少人知道，但真的太黑歷史了所以早被我埋葬在記憶的深淵裡，內容大概是後世界末日科幻這類的，我是挺喜歡這類的題材的，可能跟我有點鬱鬱的有關吧。

如果有機會我也想寫一些文學創作，不需要寫太多長篇，只要把我想寫的寫出來，然後找到我身邊伯樂也不差呢。

我的文字出版之旅

何玫蘭
真理大學台灣文學系

一　啟航

老師聊到多年前在對岸舉辦的書展，不論是賣書內容、攤位費、廠商要進的書、如何讓出版業者參與，這些實務經驗是相當寶貴的。也提及在香港出差時，看到了超商的徵人廣告，在十二年前 7-11 超商店員的月薪是七萬五，當然香港的物價也不低。當年香港的大學畢業生，進入出版業編輯的薪水為台幣九萬，三到五年後月薪大約是十三萬至十五萬，而總編輯一個月三十多萬，老師鼓勵同學們對未來的路，眼光要放遠一點，不要只侷限在台灣找工作。

去年因為好友回香港探望父母，我也趁機來趟香港旅遊，旅遊期間的美食、美景，讓我倍加想念，這面積不大，但卻具有國際性視野的城市特區。這趟旅程也搭乘高鐵前往深圳一訪讀書會好友，從香港往返深圳的人潮，多到會讓人害怕，深圳這幾年的發展也快速到不可思議。

當然這跟老師課程提到的「奧港澳大灣區」必然有絕對的關係，維基百科提到它圍繞著珠江三角洲及伶仃洋組成的城市群，包括廣東省九個相鄰城市：廣州、深圳與珠海、佛山、東莞、中山、江門、惠州、肇慶七個地級市，當然還有香港與澳門特別行政區，目前是中國國內生產總值（GDP）最高，經濟實力最強的地區之一。而大灣區財富五百強企業最集中的地區，匯聚了中國最具創新力的科技公司，如華為、中興通訊、大疆創新、比亞迪、廣汽集團和騰訊。而在網際網路、生物技術、醫療醫藥等創新領域擁有極多的初創企業、孵化器和加速器生態系統，許多專家認為該地區是新興的亞洲矽谷。

我思考著大灣區的蓬勃發展，對於出版業有推波助瀾的益處嗎？或者真實的面對此況，對於台灣出版業有優勢嗎？我不是這方面的專家，只能靜觀其發展囉！

二　與書同行

什麼是書？書籍就是知識的載體。

早期知識載體的型態，書籍從甲骨、鐘鼎、石碑、簡牘與絲帛，細數這些過程，就是一個相當有趣的歷程。在西元 105 年即東漢和帝元興元年時，蔡倫造紙的發明，運用麻、樹皮、魚網、布，這「蔡侯紙」相當於 LV 精品等級的紙。

從圖書出版產業的歷史，對照中國朝代演進表，歷史告訴我們的事，出版事業是燒錢事業，只有上帝與皇帝玩得起，也難怪萬般皆下品、唯有讀書高，這句話會流傳千年，以我家豐富的藏書量，若以古代來計算，我家非富即貴啦。明朝前只有宗教與政府可以出書，出版活動早期都是以官方為主，印刷技術的進步，出書成本的降低，帶動了市場需求，知識藉此開始普及，我們何等幸運，生在這個知識普及的時代，但是否也在這 3C 與知識普及的年代裡，容易迷失自己？

一九六〇至一九九〇年因為印刷技術進步、成本降低、經濟發展攀升與求知若渴，這個階段是出版狂飆的年代，當時印刷數量大約在六百至一千本，印刷只要超過一千本奇實出版就回本。因著數位化時代網際網路的興起，部落格、臉書、手機互聯網，連洗衣機與冰箱都可以聯網，電子書、連鎖書店倒閉、實體書店減少，知識載體進行第二次改變，衝擊了全世界的出版產業。這是危機還是隱藏了許多轉機呢？

三　水手還是船長

課堂提及圖書出版產業的內容：出版活動、出版發行、印刷工作與數位出版。圖書出版產業的範疇：圖書、雜誌、報紙、動漫、影音與數位出版。可能以往的工作領域都未曾涉略過，以上兩項細目內容，我都覺得相當地有趣與好奇。

課堂也提及出版業生態的改變，大量仰賴外包的體系，原本在編輯下的人員需要有：文字、美術、企劃、網站、版權、印務、行銷企劃、行政，而如今都可以外包：排版、校對、設計、網站、印刷、發行、倉管、會計。白天可能是某間出版公司員工，下了班可能是一間出版社的老闆，身兼數職、斜槓可能好幾條，這似乎也表示，若身上有多一兩樣技能，也許機會就會比別人多很多。

出版業公司主要組成結構為業務部、編輯部、行政部。以萬卷樓公私部門分工還有晉升階梯等，都可以透過圖表與簡報一目了然。其中老師提及編輯的晉升用神仙（資深編輯）、老虎（責任編輯）、狗（編輯助理）來比喻，這讓人印象很深刻。

課堂提及是否能透過臉書、微信等社交平台賣書的可能性與機會，舉了實例：某某書局將業界倒閉的套書，在臉書平台放廣告，透過臉書的演算法，臉書要提高廣告的費用，這一億的營業額，廣告費一年一千萬，利潤還頗高啊！

四　航向紅海還是藍海

書要賣給誰？有華人的市場？澳洲、美國、加拿大、歐洲各國華人，中文都不是他們的主要使用的語言，不看繁體中文書，經濟規模也太小，若真的要用，也會考慮使用簡體版的書，因為不論是運輸或各樣的成本，簡體版的書與繁體版價差太大，好不容易湊到五百本，台灣出書需要半年，而大陸只需要半個月就搞定。

另外以印尼、新加坡、馬來西亞華人市場為例，東南亞地區華語教學，大陸送教材、送老師都是免費的，台灣怎麼跟大陸競爭呢？而日本大學會買書，但已經有長期合作的對象，他們不想更換，韓國人從根本就瞧不起中文，本土運動五十至六十年之間，漢字幾乎都快消失了，中文書也不是他們的重點。究竟市場在哪兒？

這十五年來因著兩岸交流緣故，北京文化博覽會設立台灣館，萬卷樓開始賣台灣的書，當時台灣繁體字書籍，對大陸人還是相當有吸引力。第一年展覽大成功，一千萬台幣書籍，熱銷一空，第二年一千萬、第三年一千萬，這時競爭對手也一窩蜂跟進，別人賣得比你便宜，甚至削價競爭。轉移陣地一路從上海，再往南跑到浙江，高單價的書賣得很好。一路從廈門、廣州、深圳、西安、甚至到了新疆，披荊斬棘，開拓疆土，但很快就會被同業跟上，行銷必須從紅海市場進入到藍海市場，與別人區隔出來才有競爭力。不論是廈門的書外圖書城，再到海峽兩岸讀書交易會，新疆最大的研究機構社會科學院，都是為了創造沒有競爭的市場，結合自身有的優勢，文史學術書籍，由教授學者們來推薦，人脈鞏固、業務擴展，都是穩定行銷版圖重要根基。

五　尋找出版寶藏

每個行業有不同的挑戰與辛苦，在課程裡有許多出版業的秘辛，老師從事編輯與主管工作至少有十五年，上午九點上班，晚上九點下班，周六日去加班，時不時還要應付無法推辭的應酬，老師提到的餐桌文化，敬酒的順序等等，這些確實是在社會生存，人脈與人際關係很重要的一環，當然不同產業有不同的職場文化，也給將來要入社會的學生們很好的提醒。

如何尋找出版的主題？怎樣才能出版暢銷書？這都是出版產業必經的挑戰與課題，其實出版一本書都是一場賭博，沒有人知道這本書會不會暢銷，但是某些主題可能就有某些受眾會喜歡。隨著社會的發展現況與人們的需要，主軸會有所不同，從食衣住行最基本的需求，到培養文藝氣息的純文學，再到工商時代的理財與管理相關的書籍，從貧瘠到富有的社會階段，人們對於精神心靈層面或是如何優雅的生活，這又會是另一個層次的出版核心。

而常見的主題沒有隨著時代變遷而更改，若有創作有以下因子可能就會是部好作品，如：愛、性、神、現實、母親、婚姻、復仇、孤獨、寬恕與貧富，這裡談到的是文學創作的常見主題，關於戲劇與電影似乎也不謀而合啊！

六　航海新地圖

課程影片裡有「自動化的傳統印刷技術」裡有製版、印刷、上光與裝訂流程，「數位印刷流程」裡有電腦落版、數位輸出、上光、壓線、膠裝、成品裁修等，藉著影片介紹，彷彿自己親歷了這個過程。

有段關於「日星鑄字行」的介紹，引起我對鉛字印刷極大的興趣，影片上提到這鑄字行見證了活字版的歷史，經營鑄字行四十年的張老闆，在這電腦時代，鑄字行與印刷店紛紛倒閉，他認為印刷是文化之母，仍然堅守著這使命要傳承下去。

張老闆惜字愛字戀字，期待用新技術養老傳統，有許多戀字癖的年輕人來尋寶，自己寫的詩句自己印，這確實是很特別的經驗。一個字一個字的撿，再排版印出來，這種慢工出細活的事情，在這甚麼都需要講求效率與獲利的時代，可以持守這個傳統印刷方式，真的是很不容易。

我看老闆訴說著要保留傳統漢字美，需用活體鉛字來保存，因為這印出來的書與文件，摸起來觸感很不同，摸著字稍微凹凹的，後面的字是凸凸的，這只有活字版印刷可以做出來，鉛字引出來的書與彩色印刷出來的書不一樣，鉛字印刷字是咬進去的，閱讀時也會跟著咬進去我們的腦袋裡，這個說法相當傳神有趣。我特別上網查了「日星鑄字行」是否還有在營業，目前還真的有營業，希望有一天能親自造訪這個傳統的鑄字印刷店。

作者簡介

何玫蘭，筆名 Joywalker。座標台灣/台北，喜愛攝影、閱讀、歌唱、書寫、走路、旅行與烹飪，看電影與追劇也是生活的日常，透過日常生活記錄，發現上帝露水般的恩典，最近書寫的新鮮事就是「大嬸重返校園遊記」。

出版產業的脈動

吳品誼
真理大學台灣文學系

早期出版產業的壟斷與政黨控制

在出版產業的初期，和政黨關係緊密，市場幾乎被壟斷，資訊傳播受到極大限制。由於少數人掌控出版資源，內容的多樣性與自由度受到壓抑。軍方的黎明出版社就是這一時期的典型例子，出版物主要服務於政權和意識形態。

隨著社會環境的變遷，出版業開始走向民營化，打破了壟斷局面。這一轉變不僅增加了市場競爭，也促使出版社尋找更靈活的經營方式。三民書局從最初的自產自銷模式，逐步將圖書銷售業務獨立，成立弘雅三民圖書公司，展現產業分工帶來的穩健成長。

我們在談出版產業的發展歷程，從早期因政治因素造成市場壟斷的時期到現今多元化、競爭激烈的市場，產業的轉變不單只是經濟或市場上的結構變化，背後牽涉到的更是知識與文化的傳播，乃至於代表整個社會思想的轉折。這樣的變化也讓我重新思考知識與自由之間的關係。

兩岸三地與新加坡出版市場的多元發展

隨著出版環境的開放和多元化，兩岸三地及新加坡的出版市場根據各自的需求和限制發展出獨特模式。

台灣：由於人口較少，出版市場可以直接引進外版書籍，讀者能接觸到較完整的原版內容。此外，台灣的出版自由度較高，文化交流豐富。

中國：出版業深受政黨影響，書籍內容需經過嚴格審查和刪改。編輯在出版流程中擁有較大的權力，主導書籍內容的編修。

香港：作為金融中心，經濟類書籍需求較高。但因腹地有限，出版產業逐步向大灣區如珠海、廣東擴展，以尋求更廣闊的市場。

新加坡：出版市場以英文書為主，服務亞太地區的英語讀者，形成亞洲出版產業中獨特的國際定位。

出版產業的歷史演進與知識傳播

出版產業的演進過程與技術革新密不可分。早期的書籍記錄依賴甲骨、石碑，只有權勢階級才能擁有。隨著竹簡的出現，知識傳播更為便利。然而，真正讓書籍普及的是造紙術和印刷術的發展。進入民國初年，印刷機的引進使出版業商業化萌芽，知識得以大規模傳播。一九六〇到一九九〇年代，隨著工業化和生活水平提升，人們對書籍和報紙的需求激增。然而，一九九〇年代後，網路興起改變了知識的傳播方式，人們開始透過數位渠道獲取資訊，出版業逐漸面臨挑戰。隨著時代發展，出版轉向外包模式，中小型出版公司以家族式經營為主，出版業成為多樣化的文化傳播平台。

集團化經營策略：資源整合與競爭力提升

為了應對市場變化，許多出版社選擇集團化經營。集團模式透過資源整合和規模經濟，達到降低成本和提升市場競爭力的效果。多家出版社聯合後，可以共享行銷、採購等資源，減少重複投資，並提高與供應商的議價能力。集團成員在保持各自獨立性的同時，享受集團帶來的靈活性和資源共享機制，根據自身發展需求選擇加入或退出。

中國與台灣出版制度的比較與未來挑戰

中國：出版以「省」為單位，每個省有國營出版機構，書籍須申請 ISBN，編輯在出版流程中地位重要。出版內容需符合國家審查標準，文化傳播公司在出版策劃中扮演關鍵角色。

台灣：出版環境較為自由，市場競爭激烈。目前有上萬間出版社，業者需積極進行文化交流和市場推廣。隨著網路平台的普及，越來越多作家選擇自出版，傳統出版社面臨轉型挑戰。

出版社需要根據社會趨勢和讀者需求調整選題方向。從傅培梅引領的食譜書潮流，到工商業興起帶動的管理類書籍熱銷，出版業者需具備敏銳的市場洞察力和靈活的經營策略，才能在激烈競爭中穩健發展。我想，或許這就是出版業需要面對的現實，它必須在變動中不斷自我調整，才能在新時代的知識傳播中找到新的生存之道。 透過這學期的講解，了解了台灣出版業的發展脈絡，也看見了知識傳播方式的演變，更看見了一個行業如何在市場、技術、政策的影響下不斷進化。它反映人們對知識的渴望，也見證了思想自由、文化承載、價值傳遞。

作者簡介

吳品誼，二〇〇一年生，詞曲創作人、演員與聲音設計師。專長流行電子音樂，涉足劇場與影像藝術，參演電影與廣告，亦參與國際策展與駐村計畫。

出版企劃課逐字稿

吳庭宇
真理大學台灣文學系

一　第一節出版企劃課

每週每堂課五百字，到期中考前湊滿三千字的文章，全班加起來就有湊滿三千三百字，老師還會上傳其他學校編的書，給大家看一看。

期末作業就是這本書編出來，只要有參與這本書就有期末成績。實務課程老師說會用實例來引起大家興趣，不是講理論，前面兩三週會講解原則、概念，出版產業的發展、現狀和面臨的挑戰，再來會用兩週產業運作的新思維和想法，以前出版產業沒人教，都是師徒制，進了出版社後從頭開始學。

進去出版社後第一件事不是倒茶水，倒茶水這種高級工作輪不到剛進來的人做，進去出版社後第一件事就是搬書，搬完就說包書，書包好看寄到哪裡去，去出版社行業哪裡都是搬書，老師也說有一個同學說了，不要去出版業，進去都是一直搬書和包書，搬的很累，所以他就離職了，後來同學會聚會，他換了兩三個出版工作，同學說他不喜歡進去都是包書，不包書就沒辦法進出版業，出版社就是以書為主，他又是男生，包書、搬書的工作怎麼可能放過他呢？

這也只是初期，後面他才有接觸出版的經驗，後面接觸出版的經驗的過程是前輩帶後輩做，做不好交回去，新人繼續做，做不好罵完再做，當你罵到習慣還改正的時刻，才真正出師了，遇到好或壞的前輩也不好挑，師徒制也有僵化缺點，有時明明是錯誤的作法，還是因為累積而不斷發生。

這堂課會和大家分享新的觀念和技術，再來告訴大家如何策劃一本書，期中寫好的內容，在期中後到期末逐步去完成了。

二　第二節出版企劃課

九月二十四日，下午淡水天氣陰天沒有下雨，出版企劃課介紹了當年戒嚴，有許多限制不允許的事，有出版法能出書的就只有少數單位，很少人會出書，和上意不合的話就危險了，黨出版社和軍方可以出書，有正宗書國民黨黨營事業，國民黨的黨事會，教育部統編教科書。

軍方出版社是黎明出版社，由軍方高層退伍去當出版社要職，賺了錢蓋了大樓，分租出去當包租公，就叫黎明大樓，以前還有教科書統一供應社，在那時是一個特殊的現象，壟斷了出版市場。

壟斷的市場不是自由的，沒有所謂的競爭，當時編輯的薪水甚至高教授好多倍，曾經有教授文學院長，辭職去當出版社編輯，這是當年特別的現象，但是只有少數公司有出書的權利，多數出的書都跟國民黨有關，編了很多全集經典的大套書。

隨著時代改變，現在都變真正的民營化了，民營化就會接受市場的衝擊，書賣不出去只能堆在倉庫裡，黎明出版社的庫存就堆在七期重劃區的豪宅裡。

他出的書都是精裝書，弄得很漂亮，都是大手筆出書，投入兩百萬出一套世界兒童全集，稿費六十萬編一本辭典，現在沒有出版社做得到這種事情，萬卷樓進了庫存，但沒辦法賣，因為中國沒辦法進口一查都知道是軍方背景出版社的書，中國還處在早期戒嚴時期的感覺，海關也會不準你進口，中國人其實對繁體字的書有興趣，而且人很多，即使有興趣的是一小部分，也會是很大的人數和銷量。

三　第三節出版企劃課

當時的人連衣服都已經沒得穿了，但是有錢人拿它來寫字，寫字完拿出來讀，早期書的型態都是為了政權、政府的人所鋪設。

蔡倫造紙以後，那時候不是用來寫字的，是 LV 等級的精品，用生財工具魚網和布做出紙，剛出來的時候根本不好用，東漢蔡倫造紙後到魏晉南北朝三百年後才普及，才變得好用，在魏晉南北朝之前都是騙人的，關公神像拿一本春秋就是不合理的，紙張連實用都達不到，更不可能編成一本書，只有可能是竹簡。

集結眾人力量的就是皇權，到明朝才有書籍市場化的行為，鑿壁借光就是騙人的，沒有經濟實力沒辦法讀書。讀完書就當官，當官就越來越有錢，更努力讀書，到清朝時，歐洲就發生工業革命，已經開始有印刷機產生。

劉禹錫有本事買很多書，不可能住在陋室，已經是當時的帝寶等級，往來的人都識字，就看得出他是上流社會，從出版角度看，就會發現歷史很多都是騙人的，早期這些出版的行業是接受他人委託來出書，都是自費出版，以一九六〇～一九九〇年代人的經濟水準開始變高，除了出書當知識載體還有出雜誌出報紙很賺錢。

四　第四節出版企劃課

很簡單，中國進口台灣的書量很大，一次運很划得來，但台灣進到美國的書量很少，划不來，少量少量的寄太貴了，十箱二十箱寄到美國去這叫散貨，不值得當一批貨來處理，如果走郵局到美國，讀者可能半年才會拿到，變成只能賣給中國，中國再賣給美國去。

台灣有一些走歐美線的廠商也收掉了，量少就是和人併貨，要送到一整個貨櫃，等貨滿了才能出貨，到美國還要等貨陸續拿走才能收到貨。單獨去拓展歐美市場真的很難做，美國銀行去確認支票到發錢要足足兩個月。

有華人的地方還有東南亞，印尼，馬來西亞、新加坡華人就很多。但中文只是他們的四個輔助語言之一，東南亞的華語教師要錢，但中國派華語教師不用錢，這樣很快就侵佔市場，所以東南亞不看繁體，那裡的市場會讓人大失所望，曾有和那邊的廠商約了，但那邊的廠商說我帶你去吃飯，但不要談生意，因為沒什麼好做的。

找日本人，也不行，經濟也不景氣，日本人也沒有看中文書的習慣，台灣本土的書也沒有什麼需要的，日本大學也沒有願意接新的出版社，再好的條件他們不願意換新的，可能是需求不多也可能是他們願意換長期合作的對象韓國就更佳困難，他們根本就瞧不起中國，而且以中文為恥。

大概六十年前被中國殖民，他們當時報紙全是中文，所以他們才推行所謂的本土運動，以韓文為主是這五〇～六〇年的事情，他們民族主義復興，你們會說中文在韓國的階段性已經結束了，接下來他們會以韓文來發展他們的文化了。全世界走過一遍會發現台灣出版社市場沒地方去，只有中國好去。

中間我山陀兒颱風假時，剛好感染流行性感冒，症狀就是鼻塞，喉嚨發炎。沒有發燒，而預定打疫苗的時間就往後延。今天晚上有空，身體也恢復正常，趕緊去診所打流感疫苗，以免二次感染。醫生說新冠肺炎疫情還在，秋冬流感季節即十一月將來臨，為了預防流感重症，打流感疫苗可增加保護力，我是過敏體質，打的是細胞型，自費東洋流感疫苗。

接種流感疫苗對於 COVID-19 也具有減少重症的效果。今年的流感疫苗無論公費或自費都是四劑疫苗，裡面都包含兩種 A 型及兩種 B 型的病毒株，但是不同疫苗，產地和製程也不太一樣，若是過敏體質或特殊身體症狀，應於施打前告知醫師，由醫師評估是否施打疫苗，也會比較安心。

五　第五節出版企劃課

金門書展最早是從金門開始辦，以前兩岸戒嚴期間當然是沒什麼交流，解嚴以後兩岸又有交流，老兵可以回中國，然後中國可以申請來台灣。

金門書展大概是在二十年前，就是兩岸剛開放的時候，中國的出版行業到金門辦一個書展，從二十年前舉辦第一屆開始，在金門舉辦書展效果就很好，因為金門那時候剛從戰地解除，剛解除戰地很多書都沒有，書來了就是文化產品、精神糧食大家反應很不錯，還會有中國的生活用品，美其名是文創，當然大家就很喜歡。

第二年辦就增加了澎湖，接下來從高雄台南台中再辦到台東，最後從馬祖回去，這已經辦十八年、二十八屆，中間因為疫情停了兩屆，他可以把中國書申請後送給學校。現在金門書展的書都是文化部選過的，挑完文化部還要再一次，一層一層審，當初給他審的書單有五千種，但實際只有來三千種，文化部問差哪兩千種？為什麼這兩千種不來？出版社表示因為這兩千種評估後不需要，所以沒來，文化部就說那請列出是哪兩千種，跟你玩這種遊戲折磨你出版社，折磨到出版社整個都精神崩潰了。

今天文化部還打電話說：「不好意思，長官說金門書展只能在金門辦，你們就不要到台灣」，出版社我就問請你告訴法源依據在哪裡呢？

文化部告訴任何有水準的理由出版社都能接受，例如台灣和中國要打仗了，不要做有文化統戰嫌疑的事，那就沒問題出版社就直接配合不用辦，而不應該四個月後說可以辦但要經過一層一層審查，但四個月後突然跑出一個和前面不一樣的政策理由，讓出版社白費四個月的人力和物力，讓文化部變質成用莫須有打壓出版社商業活動的組織。

作者簡介

吳庭宇，居住地台北市，真理大學台灣文學系四年級學生，興趣是閱讀小說看電影。我是個很有毅力的人，一旦確定目標就會勇往直前，行動力很強和堅持到底是能幫助我完成許多夢想的特質。我是家中的長子，從小得負起就照顧晚輩的責任，因此漸漸培養出領導能力。

下一站，與書相遇

李宜庭
真理大學台灣文學系

一　前言

出版行業是涉及書籍、期刊、報紙等等內容的創作、編輯、印刷和發行的產業。隨著數位化的發展，電子書和在線出版物越來越普及。出版商通常負責選擇和培育作者的作品，進行內容編輯，設計排版，以及市場推廣和銷售。

目前出版行業面臨著許多挑戰，包括版權問題、數位化轉型和市場競爭加劇等。同時也在尋找新的商業模式，如訂閱制和按需印刷，以適應不斷變化的讀者需求。

二　出版的定義

廣義的出版所代表的是「公諸於眾」，只要將產品發行，讓大家能夠看見便是出版。如果往狹義的說，那出版則是要有編號，讓關於出版的這條系統有秩序的進行。

三　從出版社看出版行業

說到出版社，那大概無法避免提及黎明文化。因為有著濃厚軍事風格，而帶來了強烈的力量感，悠久的歷史以及與其他出版社不同的背景，帶來與眾不同的色彩。在漫長歲月見證之下，仍然屹立不倒，黎明文化不只是出版社，更是見證和參與了台灣的政治、經濟、教育等等各式領域的發展。

說到出版社，那當然不只為了培養新一代知識分子，還得賺取利益，「開門就是要做生意」，買賣都能感到愉快，當這樣的環境穩定的時候，便能夠產生雙贏的局面。因此也不能侷限於台灣做貿易，還能到大陸做書籍生意，甚至是全世界都能是貿易場所。其 中到大陸辦書展的話，會先從大陸來消息，然後和各個出版公司聯繫，來來回回的，如果談不攏，便自己解決一切問題。自己向所有出版公司購買，再運到對岸，最後看著一本本書被買走，複雜但特別的過程。

有關中文出版的書籍的商業圈，感覺是一個很不錯的市場，當然是說以前，現在好少人在看書了。就像小時候進到便利商店，都曾看到層架上有不同的報紙，但現在已經很久沒看見了，不知道是沒注意，還是電子化了。小時候常去圖書館的民眾，也不知道多久沒踏進圖書館，借書證更是不知道多少年未使用了。

出版事業有著對於商業和文化的期許，因而有魅力。超過十億的華語閱讀人數也不會只是買賣實體書這樣的市場，隨著時代變遷，該如何應變，該有著怎樣多元的改變都是該好好思考的問題。

四　進化的文字與印刷

漢字的文字是從甲骨文慢慢成為現在我們所書寫的字體。書寫的方式也是慢慢進化，從甲骨到鐘鼎，再到刻在石碑上，都是順應人民和時代背景所做的改變，也有更後來的簡牘，然後在絲帛上書

到了東漢，蔡倫造紙，但仍然沒有辦法一時半會的普及，是經過兩百到三百年才真正做到讓多數人都能夠用紙紀錄文字，也就是到魏晉南北朝才普及。

而唐代的印刷雕刻也是關於出版的一個新里程碑，順著文明的發展，在各方面也做到了進步，讓生活的各方面都開始變得方便，就像現在也不再是抄寫或雕刻，而是使用影印機。

印刷是一件很酷的事，整個流程雖說不可逆，但從廢紙場到印刷場，何嘗不是一種回收再利用。從出版社出發，印刷場，倉庫，經銷商再分支，市場與客戶，再回到經銷商手上，倉庫，最後到達廢紙場，出版社需要時再重複使用來影

印，是一個有規劃的循環系統。

五　關於出版行業的一些小事

（一）出版行業簡述

台灣的出版行業概況，用廣義的角度來說是圖書發行行業，同時也有家族化的情況，並帶著地理性和兼容性。

（二）困境

出版行業的困境有太多，像是書的銷售週期過短，可能上架到誠品或其他書店後，一個禮拜就能下架，供過於求的情況下，新書的週期會變很短，退書的概率很大。又像是印刷過度，而使得庫存過度，積累在倉庫，造成出版業的各種不便，而倉庫等等的費用，就又會成為一個隱藏的成本。

投入成本也是一個考量，因為很常投入過多資金，最後得到的利益無法成正比。但也有一個情況是印一次，最後的成果非常可觀，一次便拯救了一間即將關閉的出版社，但這種機率並不常見。成本無法降低的情況，為了還是能賺錢，售價並不會太低，也會造成銷售困難，然後進入一輪又一輪的循環。

（三）扭轉困境

要扭轉困境就得轉型，因此新的圖書市場的開發會是一個挑戰，得發展國外市場或是電子書等等新改變，將出版行業轉型，創造一個新的銷售模式，因應市場發展。

出版行業的轉型很重要，應該說任何行業都是如此，小至個人，大至世界都得應付時代。而出版行業轉型後會解決很多問題，像是過去庫存過多的問題，隱形的成本也能隨之減少，才有更多的資金可以靈活運用，平衡且增加流動性，更能拓展產品規劃經濟，以目前來看轉型的好處只多不少。

其中多樣化的產品少量化的庫存變化下，可以增加許多小眾市場，不用過度依賴所謂的大眾商品，讓每個小產品都有人會購買，

（四）買賣的連結

現在有許多的書店或閱讀平台，讓讀者與出版業有更多空間。賣家與買家之間的互動會是個有趣的模式，成本與風險，生產與客戶，品項與獲利，彼此連結產生的運營模式。

讀者想看的是怎樣的作品呢？又該出怎樣的書籍呢？隨著時代變遷，選擇都會不一樣，選擇大眾化的或是不同性質，能夠脫穎而出的。但我想對於商人而言選擇能夠賺錢的才是宗旨，所以只要是能夠獲得利益的市場都會是一種可能，即便是小眾市場。

（五）小眾市場

小眾市場是對少數產品有需求卻尚未被滿足的族群所組成，即便需求較少，但仍有發展可能，就像在十幾年前，也只有少數人相信未來電動車會發展成如今的局面，會慢慢的取代汽車和機車。而對這樣的小眾市場專業經營後會讓消費者對這個品牌有特定印象，像是萬卷樓就是學術方面的書籍。

六　點線面

點線面是構成視覺空間的元素，也可以是決定是否美觀的條件，所以當點線面能處理好，讓他們相互作用，就能組成成千上萬不同的版面，這三個條件穩定和諧的話，便是一個具有美感的視覺形式。

七　排版的奧妙

在排版方面也要有系統，要讓讀者方便閱讀，像是在字體大小和字型和行容字數及欄高等等之間都可以調整成適合大多數人的習慣。而縮排、突排和連續接拍等等方面做調整都會使讀者更方便閱讀。在書籍排版上以齊左的方式看起來更為美觀，因為當選擇齊右時，左側開頭的地方會分成崎嶇，所以這種行文方式非常不利閱讀，尤其兒童讀物並不太會使用這樣的排版。

書籍排版聽起來很簡單，因為會覺得就只是選好位置，然後放置該放的文字或圖案，但實際上那也是一門學問。一本書需要擁有書名頁和前言和序文，也需要有目次頁和分隔頁，最重要的內文頁，有的也需要題庫頁或索引頁，以及版權頁。而內文頁裡的　文層次、表格、圖片、書眉以及頁碼，甚至是註解等等，將這麼多要素集合在一起，才能夠成為一本書，那該如何將這樣一頁頁排好，並沒有那麼容易。

八　結論

出版企劃是一項充滿創意與挑戰的工作，不僅要對市場動向有敏銳的洞察力，還需要對內容本身有理解和構思。作為出版企劃，最關鍵的任務是確保所策劃的書籍能夠在市場中脫穎而出，同時保持良好的文化價值和讀者需求之間的平衡。一方面，出版企劃需要深入了解目標讀者群的需求，這通常涉及大量的市場調查與數據分析。並且出版企劃也要具有強烈的內容創新能力，能夠在創意構思上進行突破，開發出有影響力和市場吸引力的內容。這不僅是單純的書籍出版，更像是一場跨領域的綜合運營，涉及內容的選擇、設計、排版、宣傳等各個方面。

從最初的構思，到編輯、設計、印刷、發行，每一環都需要周密的計劃與協調，任何環節的疏忽都可能影響最終效果。此外，與作者、編輯、設計師等團隊的合作也至關重要。出版是一個多方協作的過程，每個人的專業和創意能夠相互補充，共同促成一本書的順利出版。這堂課程讓我體會到出版業的多樣性，也讓我更加認識到自己的專業優勢和不足之處。

九　作者簡介

李宜庭，二〇〇三年生，需要一個庸庸碌碌的人生，平淡的過程及結束，沒有特別的興趣或專長，也算是貫徹了庸庸碌碌這四個字。最近喜歡上一句話「秋の枯葉の如くやかに終わりを迎えよ」，覺得人如果能像落葉就好了，自由的隨風飄散。

出版企劃課程心得

林怡恩
真理大學台灣文學系

一　前言

這篇文章是我在上了六堂的出版企劃課之後將我所學到的內容再加入自己的理解與心得後彙整而成，希望能幫助閱讀的人更容易去理解台灣出版的相關知識。

二　出版歷史

首先講到台灣在戒嚴時期的出版環境，一開始聽到與國民黨有關的出版社所發行的商品，我原本還以為十有八九都是與政黨和政治有所關係的書籍，但卻忽略了當時所有書籍的出版、發行與販賣都在政府的管制之下這個問題，所以當時在台灣市面上流通的所有書籍一定全部都會在政府的管理之，下而非政治類的書籍當然也不例外，這是稍微思考一下便能知道的事。

其實仔細一想，基本上當時台灣的出版產業幾乎可以算是由於法律障礙而形成的寡佔市場，而且由於與政府有所掛勾，所以視情況而言可以說是有了一定程度的專賣權。

這也難怪老師說以前的出版社比較敢在商品上投入資金，因此當時的書有很多都做得非常精緻，也許是因為當時的出版社在市場上幾乎沒有外部威脅，他們只要在商品上投入越多資金，可回收的利益便越多，畢竟在賣方缺乏競爭者的情況下，買方並沒有太多的替代品可選擇，因此賣方較不用擔心滯銷問題。

不過可能也就是因為這種情況進而導致他們在解嚴之後面對許多新的競爭者時因無法成功抵禦外部威脅而產生了許多滯銷品，並且原本和國民黨掛勾而產生的優勢也隨著中國市場的開放，反而轉變為讓他們的的商品無法成功打入其中的劣勢，最終靠著政黨和法律優勢所發行的大量商品也成了只能佔用倉儲空間的廢品。

再來介紹到出版業在中國的發展，在紙張發明前，用以記載文字的物品不是難以取得，就是難以加工，再不然就是會消耗許多材料。東漢時，造紙術經過蔡倫的改良而開始發展，紙也逐漸取代了其他東西，成為記載文字的主要物品。

即便如此，在當時想要製作一本書所需要花費的時間和精力仍然不是一般人可以做到的，更不用提要將書量產所需要花費的大量金錢。因此一直到活字印刷的技術成熟並普及之前，出版基本上是國家和宗教團體的專利，也可以說書本在古代幾乎就是專賣品。這聽起來簡直就像是戒嚴時期的台灣，不是嗎？不過，與戒嚴時期的台灣不同，當時會變成這樣的主要原因並不是因為法律障礙，而是因為經濟障礙與自然獨佔所造成的情況。

隨著製作書本所需要的成本下降，開始出現了許多的出版社，而在市面上流通的書籍也越來越多樣化。不過近來由於資訊科技發達的緣故，開始出現像電子書這種非實體的書籍之後，因為其可以隨身攜帶的方便性，以及不佔空間的優點等，使得一部分人不傾向購買實體書籍。而又因為網路的發達導致可以代替閱讀的娛樂增加，最終造成實體書銷量在近年來不斷下降的結果，這個現象的出現進而使得許多出版社不得不降低實體書的印刷量，以減少滯銷品還有其帶來的倉儲費用的損失。

三　出版市場

本段的內容可以接續上述所提到過關於解嚴後的情況，台灣在解嚴之後出現許多私人所創辦的小型出版社，這也讓台灣的出版業開始逐步成長。

不過這此時大多數出版社的規模都不大，這些小型的出版社因自身規模的原因而缺乏對於上游的印刷廠，以及對下游消費者的議價能力，這些弱勢成為了小型出版社的阻礙，使得他們在發展上寸步難行。

為了因應這種局面，開始有出版社成立了策略聯盟開始互相合作。所謂的策略聯盟就是指不同公司或團體，基於共同目標所組成的合作關係，並透過合作來互相彌補、各取所需，像是城邦文化便是由麥田出版、貓頭鷹出版以及商周出版在詹宏志的主導下於一九九六年時透過換股所組成的同業結盟。而在城邦文化被香港的「TOM集團」收購之後，貓頭鷹出版的創辦人郭重興也聯合了木馬文化、左岸文化、遠足文化、野人文化和繆思出版五間出版社創立了讀書共和國，這同樣也是由出版社的組成的策略聯盟。

透過互相合作所建立的策略聯盟讓原本許多間規模較小的出版社能夠整合在一起，以一個更大規模的集團在市場上立足，進而彌補了原本在市場上議價能力不足的缺陷，也提升了他們在市場上的影響力。同時這些集團的建立也使的之後新進入市場的小型出版社可以透過加入這些策略聯盟來提成自己在市場中的影響力，讓他們能夠更加順利的發展。

由於台灣的出版業逐漸飽和，各家出版社為了能在現有市場提高銷售量，而開始使用降低成本等策略，其結果就是使得出版市場最陷入了削價競爭的惡性循環，而這個情況正是一種囚徒困境的體現。

當有一家出版社為了提高銷售量而降低商品的的售價時，其他出版社也不得不跟進以確保自家商品的銷售量，可如此一來率先降價的出版社便會喪失售價低的優勢，因此他可能會選擇在更進一步降價，而這舉動又會導致其他出版社的跟進。最終的結果就是沒有任何一個出版社能長期保有優勢，而所有參與削價競爭的出版社利潤也都會有所降低，這也導致資本降小的出版社可能會因此難以經營而倒閉，因此也可以說削價競爭就只是出版社之間互相比拚資本的惡性競爭，離掠奪性訂價也只有一線之隔，想脫離這種競爭就只能想辦法去尋找新的、未飽和的市場。

老師在課堂稱這種飽和狀態的市場為「紅海市場」、未飽和狀態的新市場為「藍海市場」，所謂的紅海市場和藍海市場這些名字是源自於「紅海策略」和「藍海策略」，這些名字來自於一本二〇〇五年出版的經濟學書《藍海策略》。

《藍海策略》將企業傳統的競爭方式，包括壓低成本、大量傾銷等做法稱之為紅海策略，並且提出了開創新市場、創造獨特性等等新的商業手段，也是就是藍海策略。因此所謂的藍海市場其實並不能單指未飽和狀態的市場，而是指企業能透過不斷創新來吸引消費者，並藉此獲得高額利潤的市場。

四　出版現況

作者是需要出版社去發掘出來的，這就像是千里馬須要遇到伯樂才能被認出來一樣，原本是這個樣子的。

隨著網路的發展越來越進步，許多的創作者可以將自己的作品發布在各種網路平台和社群軟體上，也因此作家們不再需要透過出版社來散播並推廣自己的作品。以前是作者主動將作品投稿至出版社，並由出版社將其出版，最終成功打響作者的知名度；現在則常常會發生作者將作品發布在網路上藉此累積讀者，並在擁有了一定的知名度之後收到了出版社的出版邀請。

而現今台灣的出版社眾多，在網路上擁有知名度的作者更是需多出版社都想簽約的人才，為了避免這些人才被其他的出版社挖走，同時也為了能挖掘到更多優秀的作家，開始有出版社創立自己的網路平台來讓大家在上面連載自己的作品，於是像城邦原創的「POPO 原創」，以及同屬城邦集團底下，尖端出版的「原創星球」，還有像是台灣角川的「KadoKado 角角者」、鏡週刊的「鏡文學」等等的各種平台開始在網路上出現。除此之外，有些出版社也會依照需求來舉辦不同主題的徵文比賽，並從中選優秀的作品來出版。

以上種種舉動都顯示出現在的出版社在面對出版業飽

和，還有因為網路發展而逐漸改變的創作環境時，不得不去催生出新的策略以及經營模式來確保能夠在現代的出版市場中生存。

五　排版

與之前幾篇都集中在出版業的歷史與市場的現況不同，這一篇的內容主要會不負責任的介紹一些在編書時常會使用到的字體類型，以在編書時文字排版的簡易注意事項。

收先說到在編輯一本書時所會使用的字體，一般來說目前編書時較常使用華康科技（威鋒數位）所製作的宋體、明體、圓體、黑體以及楷體為基礎。另外，雖然文書處理軟體一般來說都有提供粗體的字型選項，但為了避免字體變形，在編書時如果需要加粗字型時，常常直接更改為線條較粗的字體，舉例來說，仿宋體依照線條粗細不同，由細到粗可以分為華康仿宋體 W2、華康仿宋體 W4、華康仿宋體 W6；明體分為細明體、華康中明體、華康粗明體、華康超明體、華康超特明體；而圓體則分為華康細圓體、華康中圓體、華康粗圓體、華康中特圓體、華康特圓體、華康超特圓體，其他字體也依照線條粗細各有不同的樣式。

至於在排版方面，比較值得注意的一點是，編書時在遇到需要空行的情況時，一半不太會使用 enter 鍵換行，而是會藉由「段落」功能中的「段落間距」選項，直接去調整和下一個段落的距離。並且，在為標題進行排版時，在標題開頭的數字後面，為了避免閱讀者焦點的模糊，最好不要使用頓號，而是改用全型的空格分隔開來，使讀者在閱讀時能夠更容易。

以上便是我所整理出來的心得，希望能幫助到閱讀這篇文章的人，而在我個人理解的部分如果有誤也請多包涵。

作者簡介

林怡恩，十二月生，火象星座，紅血球膜上沒有 A 抗原也沒有 B 抗原，喜歡閱讀小說但不喜歡創作，也不喜歡寫心得、感想，或分析文。

出版產業面臨的困境與轉型

張　瑀
真理大學應用日語學系

一　前言

廣義的「出版」亦為「將某人的思想公諸於眾」。出版業同時擁有「生產」與「銷售」的職責，俗話說「開門就是要做生意」，如何在兩者之間取得完美的平衡，是個值得思考的問題，在被賦予「編輯」這個職位時，這問題更加重要，面對作者（生產者）與讀者（消費者）達到雙方都滿意的情況，是不太可能發生的結果，書籍市場並不是單純「供給與需求」的市場經濟，「書籍」並不是所有人的必需品，本來就不會買的人不會因為市場價格低而開始消費，這樣的情況想從中獲得利益更加困難。

二　成本問題

隨著時代推進，圖書發行的困境越發明顯，在萬物皆快節奏的現代，新書的銷售期也變短了，不得不再推出新書，但以經濟上來說有些困難。再者大家趨向於電子書的形式，導致傳統書籍不及以往興盛，造成大量庫存累積，倉儲、倉管也存在著隱性成本問題。獲得利潤的基本是「降低成本、提高售價」，但在成本難以降低的情況，只是一味地去提高售價，作為消費者方並非能全盤接受，有可能導致利潤更加慘烈，不過不提高售價的選擇也可能會有相同的結果。

出版產業經濟逐年下滑，以台灣來說，每年都有不同的出版社和書店倒閉，隨著時代進步，網路也越來越發達，傳統出版產業也被迫轉型，邁向網路市場，卻也需要面對新問題：「如何創造可能性？」可能性分成很多面向，主要為「消費者中尚未發現此書籍的人」、「即將成為消費者的人」，推薦給非消費者是一大重點，但以經濟上還是推給「絕對會買的人」比較有利益，創造可能性最常見的方式是「廣告」，但選擇在哪裡廣告（意即把錢投資在哪裡）也是個問題，放在一般社群平台是最大宗的做法，但大部分人不會點進去看，而是把它當成網頁中的一處空格，選擇直接滑向下一個自己有興趣的事物，而且當每個出版社都這麼做，那麼這就是起跑點而已，要怎麼凸顯自家書籍還是有困難，第二個方式是「知名人士的推薦」，由知名人士作為媒介推廣給他們的粉絲，但這種方式的效益不大，尤其是書籍，即使會去查詢此書籍，但閱讀相對花費的時間較多，會使粉絲的購買慾望下降，只能說宣傳本身能達到的結果很有限。

三　以往的出版世界

這門課程，從一開始的政黨書籍到後面因為市場開發、物價高，讓我重新瞭解到不一樣的出版世界，原來在以前書籍的影響力如此之大，賺到錢拿去買房地產，把豪宅當作書籍倉庫用，書籍流動方向也是，竟然先買書到大陸舉辦展，攤位費還要自行吸收，從各方面來看獲利都很低，這些是我一輩子都想不到的事。

提到香港是個港島，腹地小，大家都在裡面工作，較封閉，後來蓋了高鐵可以通往大陸，無論是人或貨物皆可運輸，高鐵的建成取代維多利亞港，香港只要負責做金融方面就好。然後說台灣其實獨不獨立跟大陸無關，目前大陸並沒有對台灣投入經濟資源，代表著沒有要經營的意願，不過有人說到大陸有過經濟蕭條，但當時投入台灣的資源並沒有變少，所以資源的佔比上反而增加。

最後說到老師過去從台灣到香港做生意的經驗，約十年前，當時連鎖超商的月薪換算台幣居然比出版業薪資還高，這點也讓我很驚訝，文字類的工作應該對社會比較多影響力但薪資卻不如超商員工。

四　以往的生存方式

出版規模如果不夠大，就無法對上下游造成影響力。許多出版社集結形成「集團」，雖說是集團，但比較像是來佔個位置讓各方面的事能更順利的進行，此外如果要使用集團的東西則需支付費用，最後書籍獲得的利益也是分開的。

「集團」的存在是希望在對上下游說話時有點份量，使議價談判較容易些，雖然解決了協力生產者的問題（在這邊把作者當成主要的生產者），但還要顧及經濟，集團中的生存方式即「適者生存，不適者淘汰」，不適者無法適應市場，使得無法獲得利益，最後下場是被淘汰掉；相對非常適合市場的出版社擁有更多慾望，想獲得更多利益，越發想獨立自行，使得集團不會快速達到飽和。

五　新市場的可能性

為了開拓新市場，往海外發展，東方、東南亞、澳洲、加拿大可能會購買中文書的地區，但居住在那的中文使用者大多為大陸人，其中大部分都學習英文，真的要買書的人去書店買書，有中文書的書店也是由大陸人經營，大陸廠商跟台灣先買書再賣到海外，因為大陸的買賣量較大較划算，如果是台灣自行賣到海外，以量來說不多，等同於散貨，而且光是運到海外就要花費半年，大陸的貨品到國外只需一週，以經濟上來看划不來。

從發展市場的各個地區來看，東南亞，以英文為官方語言，學習中文是學校的課程，但學習的也是簡體字，更因為大陸的書商政策，基本上繁體中文書籍在東南亞市場沒什麼利益，只好將目標轉向下個地方。

日本的部分，他們不需要中文書，即使需要他們也不會輕易改變已經合作的對象。韓國，因為被殖民過的關係，沒看過台灣書，台灣對他們來說其實很有吸引力，第一年很熱賣，第二年也是如此，但當要邁入第三年，開始有別人也想來搶市場了，開啟了一系列的削價競爭。

接著將市場往中國發展，一開始都有不錯的成效，但不久卻都陷入紅海市場的情況。

出版社後期出現了奇妙的操作行為，引進外文書來翻譯，翻譯是否正確不是重點，將滯銷書改寫，再放上知名人士當作者，創造銷售的可能，以經濟上來看好像是個不錯的選擇，但感覺上有點失去出版業原本的思想。

六　即將消失的文化

在這裡稍微提一下與出版相關的傳統文化，從雕版印刷到活字版印刷，這一大革新，在現代卻也面臨消失危機，這行業已經不符合經濟效益，也要被科技的進步完全取代，但聽過此技術的人大多希望它能被保存，即使它不能為經濟帶來有效的利潤。

這項技術被有效的保存，也有文化上的傳承，不至於完全消失。在現代可以配合地方的文化活動去宣傳這項技術，讓民眾體驗當時的師傅們是怎麼去作業，印刷屬於自己的文章，來促進參與的意願。

來到現代的印刷術，執行步驟比想像中的多，又或者是我想得太簡單，我原本以為跟一般影印機列印文件相同，只是機器比較大台，但實際上，光是製版的步驟就讓我過於驚訝，沒想到是需要製版，接著印刷的成果也讓人意外居然是需要人工校色，我以為已經進步到使用機器即可。

活版印刷、半自動印刷、現代印刷中，感覺上半自動印刷是最可能被推廣，在不失傳統印刷的技術下搭配器械的運作，節省人力，又能達到一定的印刷量。還有說到印刷，不知道活版印刷的書籍可不可以借閱，基於文化歷史性感覺不開放借閱避免損壞，但如果可借閱也能讓現代人閱讀看看，裝訂和印刷使用的紙摸起來的感覺應該會不一樣。體驗和現代印刷之間的差異。

七　出版業

很多人入出版業說和自己想的不一樣，說實話有哪些職業會跟自己想的一樣，只是在過程中慢慢去接受的現實。「不是說可以決定要出什麼書？」，沒有說不能出，只是時候還沒到，任何人都是從基礎打起，先從編書開始學習。

雖說出版業賺錢很重要，但相同重要的是支撐著出版業的作家們，上課時舉「石頭、石墩與石橋」是很好的例子，將石頭比喻成每個作家，石頭看似不起眼，但當他們集結形成石墩時，一本一本的作品支撐著上面的石橋（出版社），少了任何一個都可能導致石橋毀壞，雖然表面是出版業在主宰一切，回過頭來思考，出版業才是在中間最困難的人。

文本主題的選擇也有不同的方向，「讀者認為作品是關於什麼」、「個人（作者）認為作品是表達什麼」，「關於」與「表達」看起來類似，但書籍呈現感覺卻不一樣，我喜歡用「小王子」來舉例，我們都看得懂這本書的故事是「關於」小王子在每個星球發生的事與作者在地球遇見小王子的事，但這本書想「表達」的事物、想法，可能在你我觀看時得到的結果不同。如何去選擇要出版的主題，希望能達到市場的期待，營造商機，感覺需要多年的經驗。

以往想要讓大眾看到自己的作品需要依靠出版社的出

版，但在現代網路發達的時代，只要在網路上即可將自己的作品傳遞出去，以往的流程大翻轉，換成由出版社要在網路上尋找尚未簽約的知名作家，達成簽約出版並獲得利潤。

八　結論

出版業的困境在現代的情況難以改變，很少人買書依舊是事實。現代人人手一機，大部分看書的人也趨向電子書，以電子書來說，至少不需要實體出書的部分就省下了一大成本，而且在電子產品上閱讀，不須攜帶厚重的書籍，對大眾而言閱讀的意願相對來說應該會提高。

出版業朝向電子書方向前進較能改善現在的問題。但喜好實體書的民眾也佔一大數字，實體書也較容易舉辦相關活動，像是書展、作者簽名會等，促進人們參與及消費，以長遠來看，兩者兼具（實體書及電子書）還是最好的選擇。

作者簡介

張瑀，是個喜歡看書的普通學生，特別喜歡看小說類，輕小說、文學小說、推理小說等都喜歡，藉著站在不同角度去思考事情相當有趣，平時不太跟人說話，主要是沒話題，希望有朝一日能遇到看書的同好。「看書不只是看，而是要跟著思考」是我看書時一向的準則。

出版初體驗

黃子恩
真理大學台灣文學系

一　前言

還記得在出版企劃的第一堂課中，老師詢問每一位同學為什麼想要修這門課，我當時的回答是想要真正深入了解出版企劃。出版企劃是一本書的起點，從起點開始，將出版路途上所收穫的寶貴知識與經驗轉換成前進的力量，逐漸拼湊出屬於我的出版藍圖。

二　出版產業的發展史

首先，來跟大家談一談何謂「出版」，廣義的出版是指將作品通過任何方式「公諸於眾」的一種行為；狹義的出版是指將作品以出版品的方式在市場上流通，而出版一詞最早出現於《隋書》中。老師在課堂上開門見山的跟我們說出版產業是「事業」，因為開門就是要做生意，接著介紹早期書籍的型態有甲骨、鐘鼎、石牌、簡牘、絲帛，這些方式雖然可以讓作品公諸於世卻不便於流通，尤其簡牘和絲帛的價格十分昂貴，這也顯現出早期的出版產業都是為了有錢的上位者。直到東漢蔡倫發明造紙術才有紙出現，但是「紙」依舊是精品等級的玩意兒，在明朝以前只有天子、宗教才可以出書。

民國初年出版產業開始蓬勃發展，一九六〇到一九九〇是出版業狂飆的年代，因為經濟發展快速、技術進步讓出版業的業績蒸蒸日上，老師跟我們分享在那個年代因為成本便宜，所以書籍印越多越好，而且數量龐大才會被讀者看見，到了一九九〇年代以後因知識載體的改變、數位化時代的崛起，造成出版產業大崩壞，這種壓力也促使出版產業必須轉型，因應大環境的改變而出現了數位印刷、數位出版、網路書店、電子書等，出版也不再一定需要透過出版社，而是能夠利用網際網路完成所有的事，由此可知，在面對數位化的浪潮，出版產業勢必要做出轉型才能夠永續發展。

三　出版產業的運營模式

出版產業的內容主要有：出版活動、出版發行、印刷工作、數位出版；出版產業的範疇則有：圖書、雜誌、報紙、動漫、影音、數位出版。出版產業的特點是大量仰賴外包，所以有很多的編輯白天在出版社上班晚上自行接案子，因為高度外包分工的情況下，整個產業的發展，具有高度地理集中性。另外，因為市場競爭激烈，如果營業規模太小，會無法對上下游的供應商產生影響力，也會失去跟廠商議價的空間，所以必須彼此聯合成為出版集團，不但可以節省成本，分攤會計、行銷、倉儲的開銷，在成為出版集團後才有底氣向廠商議價。

出版集團中業績差的出版社，積欠到一定的管理費後會被逐出集團，而業績好的出版社會脫離集團出去自立門戶，老師在這邊舉了麥田出版社脫離城邦出版集團出來自立門戶的例子跟我們分享。出版產業公司主要的組成結構有業務部、行政部、編輯部，老師還介紹了編輯部門的晉升階梯，從自身的經驗分享總編輯需要負責的業務有哪些，並提醒我們在小公司做台柱好過在大公司當螺絲釘，經由老師的詳細講解，讓我對出版產業的運營模式更加了解。

四　台灣書籍要拓展到國際市場容易嗎

台灣出版的書籍除了要滿足內需市場外，出版業者也會積極的去開發國際市場找尋更多的出版機會，老師在課堂上向我們分享台灣書籍在不同國家的市場上會遇到什麼樣的困境與問題。

第一個介紹的是歐美市場，通常台灣的書籍會先賣給大陸之後再賣給美國，因為這樣書籍的貨量大運費比較便宜，老師有提到要單獨拓展歐美市場是非常困難的，原因是運費高且運送時間長，大概要半年才會送達目的地，再加上歐美國家的大陸人很多，所以幾乎都是學簡體中文，另外還有付款困難的問題。綜合以上因素，台灣書籍要能夠打入歐美市場是有一定的難度。

第二是東南亞市場，在這裡會遇到的困境有以下這些原因，中文不是官方語言，大陸出錢請老師並且教材免費，導致台灣在當地沒有競爭力，而且大多數人都是學習簡體中文，對於繁體中文不熟悉。

第三個是日本市場，在日本的出版市場中，通常合作對象都是固定的，還有中文書籍的數量不多，因此台灣書籍難以在當地有所發展。

第四個是韓國市場，老師特別跟我們提到，韓國市場比前面提到的幾個市場更難開發，因為韓國人的民族性強，對於外來的語言文化接受度比較低，中文書籍在韓國的圖書市場基本上沒有競爭力。由以上各個市場的介紹可以知道，台灣的書籍要能夠推銷到全世界是一件非常不容易的事。

五　台灣書籍在大陸推廣的過程

由於台灣書籍在國際市場上不易推廣行銷，因此出版業者將目光放到了同為使用中文的大陸市場。老師在課堂上分享他到北京文化博覽會推銷台灣書籍的經驗，一開始只是抱持著試試看的心態去參加這個活動，沒想到台灣書籍在大陸市場會大受歡迎，一千萬的書籍銷售一空，雖然大陸是使用簡體字，但繁體字他們也能夠看得懂，少了語言文字上的隔閡，再加上台灣書籍對大陸市場來說是很有魅力的，這些因素疊加在一起後，使得台灣書籍在大陸市場的銷量直線上升，前景一片光明。

如此龐大的藍海市場，同行的競爭者們都想來分一杯羹，而這樣的情況卻導致削價競爭的惡性循環開始出現，在這種惡劣的環境下北京市場慢慢的被搞爛，於是大家開始到其它的省份去尋找新的商機，除了北京以外還去了：上海、浙江、廈門、廣州、深圳、西安、新疆。若是要鞏固大陸市場，可以請教授、學者推薦，利用這些學術人脈，讓台灣書籍被更多人看見，而大陸市場也是存在風險的，兩岸關係的好壞會影響彼此之間交流的緊密程度，這是在投資這個市場前需要考量的因素。

另外，老師也提到在圖書產業積極拓展新市場是非常重要，在談出版業務時，有時候當你竭盡全力付出了兩百分的努力，但最後的結果可能還是沒有任何的機會可以成功簽約，或是需要請別人寫推薦序時一直被拒絕，這種情況可能需要給點好處對方才會同意幫忙，透過老師的分享讓我了解到職場上現實殘酷的一面。

六　出版新思維與出版企劃

在出版企劃中願景很重要，只要能夠堅持理想，自然就會心想事成。老師在課堂中提到編輯這份工作最令人嚮往的是可以決定要出什麼書，編輯必須先經過長時間編輯文字的訓練，才能進階到決定出什麼書的階段，其實選題出書就像是一場賭博，因為沒有人知道什麼類型的書會暢銷大賣，但在選書的過程中可以大概歸納出哪些類型的作品會受到讀者的歡迎，常見的主題有愛、性、神、現實、母親等，有越多主題在文本內容中交雜，就是一本好書。不同的年代，偏好的書籍類型也會有所差異，例如：六零、七零年代食品相關的書籍受到大眾的喜愛，後來隨著時代的演變，物質生活逐漸提升，心理治療相關書籍獲得大眾的青睞。

老師在課堂上還提到了一個重要的觀念，這是一個內容為王的時代，出版產業是內容產業，誰掌握了內容，誰就掌握了發言權。網路平台的蓬勃發展，不再侷限一定要由出版社出書，出版業和作者也不再一定要綁在一起，沒有伯樂，千里馬還是千里馬！介紹完出版新思維後，老師舉例幾米和大塊文化之間的關係為範例，讓我們更加清楚作家與出版社之間關係的轉變。

另外，老師還分享了 POPO 原創和已經畢業學妹的例子，POPO 原創是熱門的網路平台，民眾可以自行把作品放到平台上，這種方式能夠讓出版社看到人氣作家，並幫流量高的作家出版作品，除此之外還提供另外一個選擇，讓作者可以自費出版。學姊的畢業專題選擇創作繪本，之後由萬卷樓出版再上架到博客來，但因為沒有知名度所以只銷售出五本，於是老師建議她可以到全台的圖書館推薦自己的書，這個方法出現了成效，學姊創作的繪本是一系列的作品，當圖書館買第一本後，之後出版的續集也會一起購買，繪本的印刷量逐漸上升，這個系列結束後學姊也繼續創作其他的作品。藉由這些案例我們能發現個人付費出版是未來趨勢，換言之，就是大家都有可以出書的機會。

七　書籍排版與封面設計

書籍排版是出版工作中很重要的一環，常見的排版軟體有 Word、PageMaker、CorelDraw、Photoshop、InDesign、Illustrator、FreeHand、Quark XPress 等。老師在影片中主要是向我們介紹如何使用 Word 和 PowerPoint 排版，書籍版面應具備的元素有，書名頁、前言、序文、目次頁、分隔頁（篇名頁、章名頁）、內文頁，可以一頁一種，不須全在一頁，題庫頁、索引頁、版權頁。其中點、線、面是構成視覺的空間的基本元素，也是排版設計上的主要語言。另外，排版的大忌是左翻書（橫排），右頁絕不容許出現空白頁。右翻書（直排），左頁絕不容許出現空白頁。在排版時要特別注意以免發生失誤。

老師還推薦我們可以使用 PowerPoint 做封面設計，因為比起其他封面設計的軟體，PowerPoint 使用起來更加簡單方便，藉由老師詳細的講解如何做書籍排版與封面設計後，我對書籍排版的重要性有更深入的認識與了解。

八　結語

這趟出版企劃之旅已漸漸來到尾聲，在旅途中的每一個中驛站都獲得了無可替代的寶藏，由出版產業的發展史拉開序幕接著深入了解出版產業的運營模式，再談到台灣書籍在國際市場上遇到的困境與機會，創新的出版新思維與出版企劃讓人眼前一亮，最後，以書籍排版與封面設計作為此趟旅程的終點站。而我也如願以償的完成來修這堂的的初衷。

作者簡介

黃子恩，就讀真理大學台文系，喜歡在文學中看見不一樣的世界，也喜歡在旅行中遇見美好的人事物，希望用文字跟這個世界打交道。

在課堂上教會我的事

楊曜駿
真理大學台灣文學系

一　前文

在還沒上這學期的「出版企劃」課程時，我對出版產業一無所知，也不了解台灣出版業發展的歷史及現今發展狀況，上完這幾次的課程後，我才領悟到出版產業的運作方式。因為台灣是屬於具有高度言論自由的國家，所以我們就可以自由發表意見與想法，不受拘束，也可以自行創作向大眾傳達自身思想，促進交流，也可透過此方式向社會對話，台灣可說是創作者及出版人的天堂，完全不須擔心遭政府機關審查。台灣出版業高達上千家，絕大多數集中在雙北。

二　香港與台灣之間差異

香港與台灣之間存在許多差異，像是薪資與生活型態，還有分享他在萬卷樓工作多年來的經歷，老師目前也有在台師大擔任兼課老師。

香港在亞洲有東方明珠的稱號，台灣到香港僅需二小時左右，儘管都是華人，相距不遠，同樣使用繁體字，但是在物價、生活步調存在許多差異。由於香港地狹人稠、交通繁忙，所以生活壓力大、競爭力也大，生存相當不易，儘管薪資非常高，但是物價也高得離譜，例如：在十多年前，到香港教中文月薪縱使有六萬五千元台幣，而擔任出版社總編輯月薪就超過二十萬台幣，高薪的背後，也意味著物價也隨之上升，並不是我們能想像的，在香港每一餐費用平均都要兩、三百元台幣，光只是在外面吃個粥也大約落在這個價格，老師也有分享在香港與朋友吃水餃再加一些菜餚，他原以為只需要兩、三百元台幣左右，到了結帳的時候，沒想到居然要價七百元台幣，令他大吃一驚。

台灣在十幾年前的平均薪資也還不到四萬元，當時擔任教師的薪資大約落在三萬六千元左右。與香港相比可說是天差地遠。 老師也有在課堂上說我們的眼光應該要放大，畢竟這個世界真的很大，如果有機會的話，可多與國外交流，甚至可嘗試在海外發展事業，以增加人脈，人際關係也會更強大，對於未來的職涯發展也有所幫助。

現在我們身處在全球化時代，我們平常也可透過網路或電視等媒介關注國際時事以增長國際觀，並掌握世界脈動，其實世界上許多事情都與我們的生活息息相關，這些是無法忽視的，所以要多看國際新聞才不會成為井底之蛙。

三　出版產業歷史及網際網路的發展

老師在課堂上提到出版產業及圖書出版產業的歷史，還有台灣出版產業概況等等，還讓我們思考出版產業是志業還是事業，也提到已經終止服務的「無名小站」，以及電子書與實體書之間的差異。

出版人的使命主要就是發揚中華文化、輔助國文教學以及思想的傳承與傳遞，讓台灣民眾不僅能汲取書本上的知識及享受讀書的樂趣，還能藉此投資自己，以累積知識量，讓自己有所成長。我認為出版業絕對是事業，因為出版業是以賺錢為目的的行業，至於志業與事業最大的不同是志業並不計較金錢，而是為了某種理想或興趣而投入的職業，例如：慈濟等宗教團體均屬於此類，出版業是必須要靠收入才能出版優良的書籍，若不考量財政狀況是難以存活的。在古代，出版工作可說是皇帝或者有錢人的專利，要從事出版工作必須識字才得以勝任，當時的平民百姓普遍貧窮，故大多未受教育，無法讀書。

無名小站是二十多年前風靡台灣的社群網站，可在此網站放上相簿，也能看見留言板，類似部落格的網站，功能也很像當今的 Facebook 還有 Instagram，其實我是之前在 Netflix 上觀看某部電影，當中就看到有學生使用無名小站，才知道原來早期有這個社群網站，它其實早在 2013 年就已經關閉了，也逐漸遭其他社群平台取代，無名小站已經不是我們這個年代的回憶，所以我在此之前完全沒聽過。

電子書優點是節省空間、價格通常較便宜以及攜帶方便，但缺點就是購買後若不喜歡無法轉售、翻閱不便、使用過久也讓眼睛造成負擔。若是我的話，還是會先選擇實體書，這樣才有讀書的感覺，對眼睛的負擔較小，而且不是每本書都有出電子書。

四　出版業及社群媒體

關於出版業的結構，主要分成三大部門，分別是業務部、編輯部、行政部，也提到圖書出版發行困境，還有提到業務部晉升階梯，也就是從助理，最後成為發行人的過程。隨著網際網路的發達，實體書店數量也不如以往，例如：南門書店等知名書店都有設立官方網站，以提供讀者線上購買。

圖書出版發行困境是若真的要出版書籍，就必須耗費龐大時間及心力，接著就是發行的部分，能否受到讀者的青睞又是另一回事，倘若銷售量不佳對於出版業而言是賠本的，甚至認為之前付出的勞力都是徒勞無功，也就是付出的時間與銷售量不成正比，效益不高，可以說是吃力不討好的工作，於是導致願意從事圖書出版的行業的人並不多，讓某些人認為從事圖書出版像在做功德，因為不一定能真的賺到錢。業務部晉升階梯就是從最低階的編輯助理、責任編輯、資深編輯，接著變成副主編、主編、副總編、總編，最後就是最上層的發行人及社長，主編的職責主要就是掌握編輯的進度並督促。

隨著社群媒體的普及度提高，現在許多企業及商家為了能接觸並吸引到更多客群，會在臉書、Instagram 等社群平台上購買廣告，也就導致我們為何常在滑社交軟體時經常接觸到一些廣告。

臉書與 Instagram 相比，廣告數量更多，而臉書跟 Instagram 的用戶結構也不同，前者較傾向中、老年人，也比較早興起，使用人口也有老化的趨勢，後者傾向年輕世代。這兩個社群平台都是 Meta 旗下的產品，至於為何產生這樣的差異，大概有以下幾項原因，就是臉書的廣告過多，讓許多年輕人反感。Instagram 版面對於年輕人而言更美觀，於是轉移到其他平台，接著是許多中、老年人不習慣接觸新的社交軟體，若讓他們使用新的平台可能會無法適應，所以仍停留在臉書當中。

五　實體書的困境及藍海、紅海

課堂上提到實體書籍的出版面臨了嚴峻的挑戰，由於網路科技日新月異，許多人不再購買實體書，而是改成購買電子書，不僅減省空間，還能在電子書上做記號及寫筆記，也能隨身攜帶，讓出版公司面臨到轉型的課題，就要創造新的銷售模式，以提高出版收入，讓公司得以存活下來。另外也有提到紅海跟藍海，這兩個術語指的是市場策略。還提到台灣的實體書若打算銷往國外，有哪些國家可以讓台灣的書籍進口至他國，來達到拓展台灣實體書市場的目標，也能藉此解決國內產能過剩及減少庫存問題。

我的看法是若台灣的書籍要銷往海外，我認為可考慮大陸、香港、馬來西亞、新加坡、印尼、加拿大與美國的華人社區等地，在這些地區當中，華人佔有一定的比例，例如像馬來西亞的華人人口大約占四分之一，當地以馬來語作為第一語言，市面上大多都是馬來語的書籍，華語的資源較少，若要進口中文書籍，就可以考慮台灣的書籍，也可以透過書籍的銷售，來進行國際交流，不僅開拓海外市場，還可增加台灣圖書出版公司之營收。

紅海與藍海這兩個詞彙源自於韓國學者金偉燦及法國學者勒妮・莫博涅合著的《藍海策略》，紅海策略是指在現有市場空間內，透過戰勝對手以獲得成長與利潤，因競爭而血腥，所以被稱為紅海，而藍海策略著重於創造與搶占新的市場空間，進而使競爭變得無關緊要。

六　金門書局及飲酒文化

課堂上老師提到與別人吵架的事情，原因是萬卷樓圖書股份有限公司原本計劃舉辦金門書展，卻遭到中華民國文化部刁難，書展中的書籍主要來自福建新華發行集團。

文化部認為金門書展只能辦在金門及馬祖，不可辦在台灣本島，因為若辦在台灣本島，會產生文化統戰的嫌疑，老師則認為現在台灣已經解嚴並有出版自由，為何還要禁止，因為法律上面並沒有特別說明不可以辦在台灣本島，如果法條有說明的話，他們就會配合。

我認為不管是金門還是台灣，皆屬於中華民國實際管轄範圍，依照法律來看，假如金門可以舉辦書展，理論上台灣本島也可以舉辦金門書展，文化部這麼做其實是沒有法律根據的，這應該有政治上的考量。台灣的出版社大約三萬家左右，但真正有在運作的大概只剩一千家，大陸幅員遼闊，卻只有六百家，因大陸的出版受到許多限制，若內容涉及敏感議題，當局就會打壓並禁止出版，甚至遭到懲罰，由此可見台灣出版環境相當自由，可說是創作與出版的天堂。

此外，老師也有提到台灣餐桌文化，若在宴會時，有人催酒，若自己真的不想飲酒，可以跟對方說我對酒精過敏，也可說我有開車抑或是騎摩托車，藉此推託及謝絕對方，不過如果對方還繼續強迫，就還是得婉拒，這個時候就可以利用以茶代酒方式，以展現誠意，若真的喝掉第一杯酒，對方會一直倒酒，一杯接著一杯情況下，最後就會導致飲酒過量，影響身體健康。餐桌禮儀相當重要，因為未來出社會就可能需要交際應酬，就要懂得保護自己、如何應對進退。

關於倒酒的事情，若是高度酒，像是高粱酒等濃度較高的酒，第一次為別人倒酒，就要裝至九分滿，因為這是基於禮貌，倒太少的話對方就會認為是不是怕對方喝，這是較不禮貌的舉動，接著裝第二杯時，要裝得比第一次少一些。若是低度酒，像是啤酒等濃度較低的酒，第一次就要裝到全滿。最後像是中度酒，例如葡萄酒，由於紅酒杯容量已經很大，所以第一次裝只要裝至三分滿即可。這些都是倒酒的注意事項，之後出社會或多或少都會遇到此情況，所以早點了解倒酒禮儀對未來更有幫助，才不會尷尬。

七　Word 及 Powerpoint 排版製作

這次課程老師教我們如何下載常用字體、如何使用 Word 排版、如何使用 Powerpoint 排版，以及如何使用 Powerpoint 設計封面。

下載常用字體的重要性是由於Word內建的中文字體樣式並不多，只有標楷體、新細明體及微軟正黑體等，倘若只有使用這些字體，會讓版面看起來過於單調，觀看時間過久還會導致視覺疲勞，畢竟這類字體通常是用在正式文件當中，較不具美感。於是老師有教我們如何下載華康所有字體，華康字體樣式可說是相當多元，總共有數十種可供選擇，除了楷體，還有宋體、隸書、明體，甚至有魏碑體，有了這些即可讓版面更有藝術感、更活潑，不會讓字體單一化，也不再感到枯燥乏味。

最讓我印象深刻的地方是使用 Powerpoint 排版，因為之前完全沒有接觸過，只有在製作簡報時才會使用 PPT，看完影片後讓我知道原來 Powerpoint 也可以用來排版，只是適用的範圍是在文字少及內含大量圖片的書籍，例如：繪本、寫真、照片集、詩集等，最常見的規格為大 18 開（185mm*230mm）。

而萬卷樓的尺寸較特別，則為 18 開（170mm*230mm）。若要讓 PPT 的版面呈現直面，進入頁面時必須先點選設計選項，接著在右上方會出現投影片大小按鈕，按下後則跳出視窗，在投影片大小那一欄即可選擇想要的規格，接著就能進行排版的動作。

八　結語

由於網際網路方興未艾，我們可輕鬆地利用電腦等電子產品獲取想要的資訊，網路時代之下開始出現電子書這個新興產品，而實體書籍不再是唯一獲取知識的管道，讓傳統出版產業深受數位化浪潮的衝擊，還面臨到產業轉型問題。為了要續命，目前有出版業跨足電子書產業，這讓更多人能利用智慧型手機或平板在網路上購買電子書，就能隨時享受閱讀樂趣，出版業者還能拓展國際市場，促進交流。

目前台灣實體書店數量也逐漸減少當中，主要原因是現在許多人都購買電子書，前往實體書店意願下降，導致部分書店也開設網站，供讀者線上買書籍，藉此化危機為轉機。

作者簡介

楊曜駿，土生土長的板橋人，生於二○○三年，目前就讀於真理大學台灣文學系三年級。處女座 O 型，個性較為內向寡言，屬於 ISTJ（物流師人格），做事情比較喜歡依照 SOP 執行。喜歡打籃球，喜歡騎自行車，喜歡旅遊，也喜歡唱歌，最害怕的食物是香菜。夢想是成為一位公務人員。

出版的歷史及市場

謝宇樂
真理大學台灣文學系

一　前言

出版書籍是一項從事已久的活動，在數位時代開始之前，人們都是透過印刷文字在書本上傳遞訊息，現在仍然有許多人比較喜歡實體書本的觸感，紙本書籍比電子書更有溫度，但也比較佔空間，在這時代的變遷下，出版業需在成本的考量上更加留意，否則一不小心就會被市場給淘汰掉。

二　出版的古今

今天在課堂上有講了一些關於出版的歷史，紙在古代是很貴的東西，能讀書的人基本上都不是窮人，因為書都是用紙做的，在更早以前的年代是用竹簡來書寫的，所以關公的雕像拿書是不合理的，因為在他那個年代還沒有紙張的發明，因此不可能拿著一本用紙做的書。在古代、書籍的複製一開始只能透過人工手抄，因此製作一本書需要耗費大量的時間，也要花費大量的金錢，因為要請很多人來抄寫書籍，因為如此，所以發明了印刷術，就是把字先刻在木板上，然後再塗顏料，這樣子就可以輕鬆的印到紙張上面，但這個方法有個問題，就是不小心刻錯字的話，就要把木板上的錯字給挖掉，因此浪費的大量的時間，這也導致了活字版印刷術的出現，因為新技術的發明，人們可以不用擔心不小心刻錯字在木板上，這也大大增加了書籍的普及性。台灣目前的出版業者都是中小企業或著是家族企業為主，大約有百分之八十都未加入集團化經營，也因為高度外包分工的因素，所以整個產業的發展，擄要高度的地理性，大多數出版業者都集中在雙北，台北市佔了百分之七十八，新北市佔了百分之十二，目前約有百分之四十七的出版社兼營圖書與雜誌兩類出版品，兩者之間的界線不明確，呈現高度兼容與自由化的發展。

三　印刷術的演進過程

雕版印刷最早出現是出現在中國，而在台灣的雕版，大多是以樟木、柚木、楠木、烏心石等材料作為雕版的木料使用，將木料依照書本大小，順著紋理鋸成適當的尺寸與厚度的版片，以前的雕印書籍，是由許多寫工、刻工、印工分工合作而成，其製作過程非常的繁瑣，所以效率低下，製作一本書需要很大量的人力資源，也需要耗費大量的材料，所以就開始發展出活字印刷術，使用可以移動的木刻字，金屬或是膠泥字塊，可以避免雕刻的工人發生失誤，導致整塊字版都必須要報廢，這也大大的降低了印刷的時間以及成本，讓書籍文字可以更加的普及。到了現代，我們都使用數位印刷術，他是藉由電腦軟體及主機硬體的相互配合而成的產物，數位的圖像及檔案可以快速的傳送的不同類型的印刷機器，並經由機器的處理過後直接輸出影像，所以現代文字的印刷已經不像古代那樣，需要耗費大量的人力以及時間去製作，人人都可以印刷，也不用特別去學習字版的技術，雖然數位印刷的成本會比傳統膠印的成本還要高，但是他在其他方面的支出會比傳統的膠印還來得低，一來一往下，傳統的膠印方法便逐漸的沒落，因為不僅沒有比較省錢，且印刷的效率也趕不上數位印刷法，而未來也有可能會有更新的技術取代現在的印刷術，只要成本更低廉，那數位印刷術也是會有被取代的一天。

四　出版業的結構

出版業的結構基本上就是圖書製作、物流還有銷售，隨著電子書和線上閱讀資源的興起，讀者的閱讀習慣已經有了明顯的變化。越來越多的人選擇在手機、平板等數位裝置上閱讀，這不僅使紙本書的需求量大幅下降，也使出版社必須在數位產品和傳統紙本書籍之間尋求新的平衡。然而，儘管數位出版可以減少印刷和物流成本，它仍然面臨著利潤分配和讀者購買意願的挑戰，也因為網路的便利性，使得出版社不再能壟斷出版渠道，市場上的競爭越來越激烈，作家們不再依賴出版社提供的編輯和行銷支持，很多施加也會選擇在社群平台投放廣告，因為社群平台的能見度更高，也省去與租版社之間溝通協調的時間成本。此外出版印刷的成本也是很大的問題，書籍的出版涉及編輯、排版、印刷等多種環節，而這些都需要大量資金投入。隨著紙張、印刷等成本的逐年上升，出版社的利潤空間不斷縮小。在這種情況下，如何制定合理的書籍價格變得至關重要。定價過高會讓消費者卻步，而過低則會影響盈利。出版業在這兩者之間常常難以找到平衡點。因此我認為出版業者需要根據時代的變化來調整銷售模式，否則在這個數位化的時代下會很容易被淘汰。

五　市場的紅藍海

幾乎所有的產業都存在紅海與藍海市場，紅海市場代表的是已經飽和、競爭激烈的市場。在這個市場中，企業之間的競爭主要依靠價格戰、產品差異化和提高市場份額等手段。因為市場中的需求和消費者群體已經穩定，企業之間的競爭變得越來越激烈，導致利潤空間被壓縮。在紅海市場中，企業的目標通常是擊敗現有的競爭對手，透過降低成本或提供更具吸引力的產品來吸引顧客。然而，當所有企業都在這樣做時，競爭會變得非常激烈，並最終削弱整個市場的利潤水平。這種市場策略重視的是在既有市場中如何爭取更大的市場份額，而不是創造新的需求或市場。相對於紅海市場，藍海市場則代表未開發或尚無競爭的市場空間。在藍海市場中，企業不必與眾多對手爭奪市場份額，而是專注於創造新的需求，開發新的消費者群體，並以創新方式滿足未被滿足的需求。藍海策略的關鍵在於創新，而不只是改善現有產品或服務，而是提供一種全新或顛覆性的價值。這類策略常常會重新定義一個行業或引入全新的業務模式，從而大幅度擴展市場邊界。這讓我了解到很多時候努力雖然很重要，但是選擇對的道路更加重要，就算你今天付出了很大的努力，但只要你選到了錯的路，那你只是花大把的時間去做白工。

六　社交與餐桌禮儀

今天到了餐桌禮儀的部分，出社會之後，或多或少都有些飯局，因此在餐桌上的禮儀是很重要的，像是倒酒也是一門大學問，如果是酒精濃度較高的烈酒，那第一杯要倒九分滿，第二杯八分滿，第三杯七分滿，第四杯六分滿，而第五杯開始擇要保持五分滿，如果每次都倒很多，那大家都醉了，接下來就不用談了，如果是紅白酒的話則是要倒三分滿，因為要留醒酒的空間，而如果是啤酒這種的，就應該每次都倒滿，因為也喝不醉，然後酒的單價也低，若不每次都倒滿會顯得小氣，如果不能喝酒也沒有關係，只要好好跟對方說明，並說以茶代酒，那通常都不會刁難你，若還是要求你喝酒，那就嚴正的拒絕他即可，要先保護好自己。出社會之後，若是遇到主管或是老闆邀請一同前往餐敘的話，可以多去看看場面，練習自己的社交手腕，並學習正確的餐桌禮儀，我覺得很多時候都要自己去努力地抓住機會，想要提升自己的能力，就要先好好的把握住每一個機會，有時間有能力就趕快提升自己，對自己未來的職涯發展也很有幫助，很多時候最重要的並不是個人能力，而是你的社交手腕強不強，有了人脈，那很多事情就會很容易解決，同時也會比其他人擁有更多的機會。

七　選擇比努力更重要

今天在課堂上提到了國外薪水與台灣的不同，我覺得這思考的，如果相同的技能，相同的工作崗位在國外薪水比較好的話，也不見得一定要把自己給侷限在台灣的就業環境中，有更多的薪水其實也可以去努力爭取看看，機會來了不嘗試把握可能就再也沒機會了，所以要給自己多元嘗試的可能。課堂中也有提到，很多原版的原文書到當國外即使當地已經有了翻譯版本，還是有很多的買家會想要購買原版的書籍，因為原版書籍還是有它的特殊地位，翻譯過後的書籍，可能會被當地出版社刪掉片段，不見得能夠完整的呈現，這個告訴了我們，我們需要為不同的產品找到他各自適合的市場，要先有需求才有辦法銷售，要懂市場需要什麼，拿出市場需要的商品，那市場自然會買單，反之一個很好的產品，不管他品質有多高，只要市場沒有這個需求，那他注定會賣不出去。老師還有分享在香港當地省錢的交通方式，不過要多花點時間就是了，不趕時間的人可以去搭巴士，但趕時間的人還是會去搭機場快線，我想這或許取決於你的時間有多值錢，假設你的時間很寶貴，那你的機會成本自然會提高，那為了省錢去搭巴士當然不值得，但如果你的時間不值錢，你或許就應該要考慮一下是否要以時間去換取金錢，去思考哪一項選擇對當下的自己是最有利的。

八　結論

書籍印刷的再怎麼好也要賣得出去，賣得好的產品不見得品質真的好，在這個時代，銷售技巧以及選擇對的市場才是最為重要的，好東西沒有辦法推廣出去，那他也不會被大眾看見，去對的地方賣，賣給對的人才是最重要的。而在銷售的時候，也要懂的行銷，懂的禮儀，要是一開始對方就覺得你是個無理的人，就很難繼續行銷下去，所以有時間一定要好好練習自己的社交禮儀，才能在社會上生存下去。

作者簡介

謝宇燊，目前就讀真理大學台灣文學系三年級，目前住在新北市，平常的興趣是閱讀以及攝影，我認為我是一個理性且能夠按部就班完成事情的人，做事情都會先想好備案，遇到緊急情況也能夠保持冷靜，並根據當下的情況想出合理的解決方案。

數位轉型下出版業的挑戰與機遇

謝程妍
真理大學台灣文學系

一　出版的起源與演進

從出版的起源談起，人類為記錄和傳播知識所做的努力，從早期的圖畫符號、甲骨文到紙質書籍的發展，出版成為了人類文化與知識傳承的核心手段。這些早期形式不僅代表了人類文明的進步，也展現了人類對知識傳遞的需求。隨著技術的發展，出版產業逐漸現代化，印刷技術的提升和傳播方式的多元化，使出版物的內容與形式更加豐富，滿足了社會對不同知識領域的需求。

然而，隨著數位化的浪潮，傳統出版產業正面臨嚴峻的挑戰。電子書和數位內容的興起對傳統紙質書產生了影響，這種變化不僅改變了讀者的閱讀習慣，也要求出版商適應數位化的需求。數位出版使得閱讀更加便捷、多樣化，但也帶來了市場競爭加劇、版權管理等新挑戰。這讓出版業在保持傳統價值同時，必須積極轉型，以應對數位化時代需求。

「出版業沒有最好，只有更好」，強調出版行業需要不斷創新、順應市場變化的必要性。未來的出版可能會朝向多元化、個性化的方向發展，傳統書籍與電子書有望共存，滿足不同讀者的需求。對於閱讀者而言，數位化提供了更多選擇，但也引發了對閱讀品質的反思。

總結來說，我認為我們需要思考數位時代中閱讀與出版的未來發展。隨著科技的進步和市場需求的變化，出版產業正在經歷重要的轉型，未來的出版行業需要平衡傳統與創新，才能在新的時代中繼續發揮其知識傳播的角色。

二　書籍排版設計的藝術與技術

書籍排版從版面的設計到段落分配再到內文安排，整個流程都需詳細計劃，以確保設計符合出版需求。點、線、面是排版設計中的基本視覺元素，也是設計語言的核心。排版的重點在於如何運用好這三者，使不同的文字和圖像元素在頁面上達到和諧。點可視作一個字母或頁碼，成為版面焦點；線則用於引導讀者視線；面則代表穩定和美感，是文字或留白的空間表現。這些元素的組合可以構成豐富而有秩序的排版效果。

此外，書籍排版需考慮文化和閱讀習慣，如左翻書或右翻書的設計。排版方式有單頁起、雙頁起或次頁起的選擇，影響書籍的頁面排列順序。版面設定則包括紙張大小、邊界距離、行距和字距的選擇，以達到視覺的均衡效果。每本書都需制定格式規範，明確標題、正文等各級文字的字體、大小和行距，使整體風格統一。文字處理則需注重字型選擇、字距調整與符號應用，確保文字排版清晰易讀；編號和符號的設定也需有層次，保持內容整齊。圖文整合時，圖片的位置和大小需與文字相輔相成，帶來視覺平衡。分節時則應處理章節間的過渡，使閱讀更流暢。

總體而言，書籍排版設計需整合軟體操作、視覺設計與技術細節，透過點、線、面等基礎元素，結合排版流程和設計原則，最終實現美觀且功能完善的版面。

三　數位化浪潮下的挑戰

出版是將知識或藝術作品經過加工後以多樣方式發行的過程，出版品涵蓋了書籍、期刊、報紙等多種形式。隨著時代演進，出版業逐步發展成為具備編輯、印刷、行銷等完整結構的產業，並逐漸受到科技影響而數位化。

然而，傳統出版業近年來遭遇了重重挑戰。隨著數位閱讀的普及和網路資源的便捷性，讀者的閱讀習慣逐漸從紙本轉向電子書、網絡文章等新媒體，導致實體書銷量大幅下降。台灣市場本身小且需求不穩定，再加上製作成本上升，使出版業利潤空間進一步被壓縮。此外，數位化浪潮不僅衝擊了出版流程，也對實體書店的生存產生不利影響，傳統書店面臨營運困難與顧客流失的壓力。

為了應對這些挑戰，出版業正積極探索數位轉型和多元經營策略。部分出版商開始優化流程以降低成本，積極投入電子書和跨媒體合作，並嘗試透過創新內容和品牌經營來吸引新的讀者群體。透過數位化和新技術，出版業有機會拓展市場，提升知識傳播效率，並在新舊媒體融合的時代中找到生存之道。

綜上所述，我認為台灣出版產業在數位化的變革中既面臨挑戰，也擁有轉型契機。未來，如何平衡傳統出版與數位內容的融合，並有效應對市場需求的變化，將成為決定台灣出版業持續成長的關鍵。

四　數位轉型與出版業的應對策略

從早期的甲骨文、竹簡到雕版印刷，印刷技術的進步逐步推動了知識的廣泛傳播，並在一九六〇至一九九〇年間達到巔峰。然而，隨著數位化的崛起，出版業面臨了衰退挑戰。數位技術變革了資訊的傳播方式，使得傳統紙本書籍需求逐漸減少，而線上閱讀與數位內容成為新趨勢。

面對數位化的影響，現代出版業需適應讀者行為的轉變，例如數位閱讀興起、電子書普及，以及線上購書平台的成長，這些新模式改變了出版的經濟模型和知識 傳播的方式。簡報中指出，紙本書籍銷量持續下降，傳統出版商需轉向優質內容開發，並探索多元的傳播途徑，包括電子書、網路平台等，以延伸書籍影響力，並吸引現代讀者的注意。

此外，知識產權在數位時代面臨了挑戰。數位化方便了資訊分享，但同時也使版權管理變得更複雜，出版商需要在保護作者與滿足讀者需求之間找到平衡。面對這些挑戰，出版商需要積極適應變革，學習掌握數位技術，並探索創新的商業模式。這種創新不僅有助於保持出版物的競爭力，也能讓出版業在衰退中找到新的成長契機。

總之，出版業者在知識傳播中擔任了重要的角色，在此呼籲業者持續提升內容品質，創新行銷策略，並利用數位技術來拓展市場，以應對行業衰退並開拓新的機會。

五　創意出版與品牌經營

出版業需針對市場定位、受眾分析及品牌建立進行全面考量，確保作品具備吸引特定讀者的價值。隨著需求的多樣化，出版內容也需涵蓋文化、教育、娛樂等多元主題，以滿足不同受眾的興趣。

在創意出版方面，主題設定是關鍵，應結合當前趨勢與讀者需求來打造作品的核心價值。例如，文學書籍著重情感共鳴，而實用書則強調資訊傳遞，創作者需兼顧內容與視覺呈現的吸引力，提升作品的獨特性。出版流程包括市場分析、內容開發、設計製作與行銷推廣，這四大環節需協同運作以達成銷售目標。

課堂簡報中介紹了如何通過「質與量」的平衡來塑造品牌形象，並建議以高品質和差異化定位吸引特定讀者。此外，「藍海策略」則強調開發新興市場，以滿足尚未被滿足的小眾需求，達成利基市場的擴展。營銷策略方面，簡報提到「紫牛理論」，強調書籍的獨特性，並透過創意推廣來提高市場中的辨識度。

數位印刷與網路直效行銷為現代出版提供了新思維，數位印刷能降低成本並適應個性化需求，網路直效行銷則通過社群平台直接觸及讀者，提升曝光與銷量。數據分析還能幫助出版商精準掌握讀者需求，迅速調整行銷策略。出版企劃書作為項目的藍圖，從市場背景到行銷策略皆需完善，確保作品具備競爭力並符合市場需求。

六　結語

隨著數位技術的進一步普及，未來的出版業將朝向多元化、個性化的方向發展。傳統書籍與電子書有望共存，滿足不同讀者的需求。數位化提供了更多閱讀選擇，也帶來了閱讀品質的反思。如何在數位內容的快速傳播中維持閱讀的深度和質量，成為出版業未來需要解決的問題之一。

此外，出版業還需探索創新商業模式，適應數位時代的需求。讀者的行為和需求變化將驅使出版業者不斷調整策略，積極轉型，以在知識傳播和文化推廣中發揮更大的作用。未來的出版行業需要在傳統價值與數位創新之間找到平衡，才能在新的時代背景下持續成長。

出版業在數位時代正面臨著重大的挑戰與機遇。從出版的起源與發展到數位化浪潮下的轉型策略，出版業在知識傳播中扮演著不可或缺的角色。面對數位閱讀的興起與讀者需求的多樣化，出版商需要不斷創新，提升內容品質，並善用數位技術拓展市場。出版業在未來的發展中，應當繼續推動知識的廣泛傳播，同時在傳統與創新之間找到最佳的平衡，為讀者提供豐富且多樣的閱讀體驗。

作者簡介

謝程妍，現就讀於真理大學台灣文學系。西元二〇〇四年七月十七日生，在花蓮出生長大，雖然在台北有打工租房了，但還是堅持每個月至少回花蓮一次。在台北空閒的時候偶爾會去打排球，但大部分時間還是會選擇在床上躺著。

國家圖書館出版品預行編目(CIP)資料

字裡行間 : 出版學習札記 / 戴華萱, 張晏瑞主編. -- 初版. -- 臺北市 : 萬卷樓圖書股份有限公司, 2025.01
面 ; 公分. --(文化生活叢書. 出版可樂吧)

ISBN 978-626-386-231-9(平裝)

1.CST: 出版業 2.CST: 出版學 3.CST: 文集
487.707 113020741

文化生活叢書・出版可樂吧 1309B04

字裡行間：出版學習札記

總策畫 戴華萱 張晏瑞
主編 何玫蘭
編著 王立文 何玫蘭 吳品誼 吳庭宇 李宜庭 林怡恩 張瑀 黃子恩 楊曜駿 謝宇燊 謝程妍

發行人 林慶彰
總經理 梁錦興
總編輯 張晏瑞
編輯所 萬卷樓圖書（股）公司
發行所 萬卷樓圖書（股）公司
106 臺北市大安區羅斯福路二段 41 號 6 樓之 3
電話 (02)23216565
傳真 (02)23218698
電郵 service@wanjuan.com.tw

ISBN 978-626-386-231-9 (平裝)
2025 年 1 月初版
定價：新臺幣 280 元